复原

COMING ALIVE

情绪陷阱逃离指南

[美]
巴里·米歇尔斯
（Barry Michels）
菲尔·施图茨
（Phil Stutz）
著

吕颜婉倩　译

中信出版集团 | 北京

图书在版编目（CIP）数据

复原：情绪陷阱逃离指南 /（美）巴里 · 米歇尔斯，（美）菲尔 · 施图茨著；吕颜婉倩译 . -- 北京：中信出版社，2023.3

书名原文：Coming Alive: 4 Tools to Defeat Your Inner Enemy, Ignite Creative Expression & Unleash Your Soul’s Potential

ISBN 978-7-5217-5286-1

Ⅰ. ①复… Ⅱ. ①巴… ②菲… ③吕… Ⅲ. ①心理学－通俗读物 Ⅳ. ① B84-49

中国国家版本馆 CIP 数据核字（2023）第 019587 号

复原——情绪陷阱逃离指南
著者：［美］巴里 · 米歇尔斯 ［美］菲尔 · 施图茨
译者：吕颜婉倩
出版发行：中信出版集团股份有限公司
（北京市朝阳区东三环北路 27 号嘉铭中心 邮编 100020）
承印者：嘉业印刷（天津）有限公司

开本：880mm × 1230mm 1/32　印张：9.25　字数：193 千字
版次：2023 年 3 月第 1 版　印次：2023 年 3 月第 1 次印刷
京权图字：01–2019–7073　书号：ISBN 978–7–5217–5286–1
定价：59.00 元

服务热线：400–600–8099
投稿邮箱：author@citicpub.com

致朱迪·怀特，她让我有勇气化作清风，
就像女神达芙妮变成月桂树那样。

——

巴里·米歇尔斯（幸得赖纳·马利亚·里尔克的帮助）

献给安德鲁，他在孩童时就曾面对死亡，
在与命运的抗争中蜕变成一个真正的男人。

——

菲尔·施图茨

“活着是世界上最珍贵的事。大多数人只是存在，仅此而已。”

——

奥斯卡·王尔德

“醒来，起身，否则就将永远沉沦！”

——

约翰·弥尔顿，《失乐园》

目 录

导 言

大多数人都怀疑自己本可以过一种与当下截然不同的生活。在这另一种生活中，他们过着快乐的日子。他们更自信，勇于承担更多风险，做的事感觉更有意义。好像在另一种存在里，他们被注入了一种不同的能量，这能量使得一切似乎皆有可能。

他们怀疑的是真的。这种能量的确存在，它具有改变生活的力量。我们称之为“生命力量”。它亘古不朽，势不可当，蕴藏着无穷无尽的创造力，是宇宙的伟大恩赐。

我们中的大多数人都以某种方式体验过生命力量。你可能在婴儿诞生时感受过它。它可能体现为演奏你年轻时放弃的某项乐器的冲动；也可能体现为你在写作思路不畅时，突然灵光一闪，找到了解决方案；又或者是当看到家庭成员以爱相待时，你感受到一种令人眩晕的恩典。还有数不胜数的例子，它们都可以体现生命力量所具有的引导、创造、无限培育的特性。

生命力量最重要的用处是，让我们每个人都在世上留下属于自己的独一无二的印记。不论是具有重大影响力的公共事件，还是微不足道的私事，只要对你来说有意义就行。当这样运用生命力量时，你会感到自己完整地活着。

但大多数人对另一种生活不过是在落幕前匆匆一瞥，与之失之交臂的同时怀疑它是否真正存在。我们发现自己又回到了单调乏味的“正常”生活中——被剥夺了希望，专注于不能做什么，而不是能做什么。我们相信，这种无能为力的根源是一些我们无力解决的令人痛苦的个人问题。问题具体是什么并不重要，重要的是你没有办法解决它。

以下是我们的一些病人对自己无法解决的问题的表述。其中有些表述你听起来是不是很熟悉？你或者你认识的某些人是不是也这么说过？

> 我不能控制自己的思绪。我审视人生，寻找需要担心的事情。这就像自我折磨。
>
> 我觉得自己永远无法融入团体，好像我哪里出了问题一样。和众人待在一起时，我的脑海里充满了对自己的负面想法。
>
> 我无法勇敢地面对我的男友，因为我太害怕失去他了。没和他在一起的夜晚，我曾开车经过他家，就为了确认他没和别人出去。
>
> 必须完成的工作量让我难以招架，可我却像个僵尸一样坐在电视机前。我不知道自己在等什么。

> 世界是不公平的。人们没有以我应得的方式对待我。当在情感上受到伤害时，我会好几天都无法释怀。

这些人的问题性质各异，但它们有一个共同点——似乎无法解决。接受治疗以及理解问题的“成因”并不能保证他们就可以解决问题。凭借我们俩加在一起70多年的心理治疗师从业经验，我们发现：“理解”并不是解决情绪问题的关键。

那关键是什么？每个问题背后都隐藏着一股让你无法解决它的力量。当你无法解决某个情绪问题时，你会感觉无力，感觉不可能从生活中获得自己想要的东西。这种不可能感会不断蔓延，仿佛是你灵魂里的一剂毒药。最终你放弃了表达真实自我，放弃了你曾以为可以过上的另一种人生。

没能力解决个人问题并不意味着你缺乏潜力。这是一个信号，显示一个强大的对手正在阻止你获得生命力量。

但概念和理论并不能让你接近生命力量。你不能只通过思考来重振生命。为了解放你自己，当生命力量在你身上流动的时候，你需要去感受它。

那么，该如何汲取生命力量？你需要工具。想象你面前有盒罐头汤。你想知道汤的味道如何，仅仅阅读罐头侧面的标签没用，你得品尝它。除非你有超人的手劲儿，否则没有开罐器，你是打不开它的。

把这本书想象成你灵魂的开罐器吧。它将赠予你获取生命力量的工具，帮你击退内在的敌人。只有到那时，你才会发现自己真正有能力做的事情，并以一种你以前从未体验过的方式生活。

01

重获生命

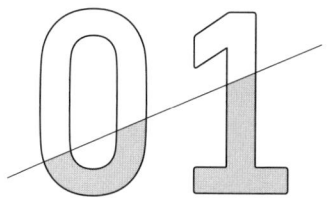

菲尔揭示出将你困在有限牢笼中的内在敌人，并引导你迈出激发自身全部潜力的第一步。

我是如何恢复活力的

当我还是个大学生时，我就意识到了生命力量所蕴藏的能量，但这并非我课业的一部分。我 17 岁就念大二了。身心俱不成熟的我本质上还是个高中生。大一时，我沉迷于自己最大的爱好——篮球。16 岁的我加入了学校多年以来最好的新生球队。

当时我想升入学校代表队，但我还没准备好。我需要再等一年，让自己长得更强壮些。但我是个听到球的弹跳声就会心跳加速的运动狂。我好不容易才加入了校队，获得了我应得的认可。但接下来的两年，我都在“骑松树”（松树指替补队员在比赛过程中坐的木质长凳）。

比打不了比赛更糟糕的是教练对替补队员不屑一顾的态度。那时我上大四，我的自信被摧毁了。但最后一个赛季里发生的事以一种我始料未及的方式为我的未来做了铺垫。

此时，这支队伍比我大一加入时还要好，表现最出色的球员是全美最佳控球后卫。我是他的替补，这意味着，我只有在他受伤或者犯规被罚下场时才能上场。但后者通常只会发生在比分接近、观众变得狂躁的情况下。

如果只是呆坐着观看比赛，轮到上场时我会因为太冷而无法动弹。因此，尽管坐在板凳上，我也要“让自己置身于场上”。我上蹿下跳，用最大的肺活量朝着比分指示屏的方向尖叫。这种做法除了可以使我放松，还产生了意想不到的效果——它振奋了场上球员们的士气。

最好的时刻莫过于当我把兴奋传递给球队中的其他人时。我意识到自己可以激励别人去实践他们从未做过的事情。在那些时刻，我感到自己最具活力。当时的我并没有意识到，我正在为我的未来做准备。

识别生命力量

获胜固然重要，但最具活力的部分是感受到内心火焰升腾的时刻。即使过去了半个世纪，我仍记得这份体验。对手越强，挑战越艰，我们越受鼓舞。为了体验这种备受鼓舞的状态，这些具有竞争力的运动员每天坚持训练数小时。

但运动场只是发掘未经开发的潜力的场所之一。作为一名精神科医生，我的工作并不是为了在篮球比赛中获胜，而是帮助人们发现他们能够胜任的事情。这些情况的发生显而易见，比如帮他们获得更好的工作，成为更强大的领导者，或者突破创造性的障碍。但我们最重要的潜力却没有这么明显，比如付出和获得爱，听他人倾诉，接受生活给予的一切，变得更有耐心。这些在我们身上发挥作用的精神和情感能力是人之所以为人的本质。它们是生火时护持热量的那圈石头，使灵感之火越燃越旺，并将你与我所说的生命力量相连。

生命力量通过事件而非词句来不断地发言。你可以感觉到它作为一种不可否认的存在引导着你。更常见的是，你会在短暂的瞬间感受到它的存在，比如孩子诞生，坠入爱河，或是去一个遥远的地方旅行唤起了你内心深处的某些东西——通常是对诸如此类非常感人的事件的回应。

它也可能在难以解释的情况下出现，表现为对他人突如其来的洞悉，或是困扰你几个月的问题一下子有了解决方案，抑或是超出你能力的一次创造性表达的大爆发。这些瞬间可能看起来很随机，但它们提醒我们生命力量始终在那里。

如果你不知道如何与生命力量相连，仅知晓它的存在是不够的。环顾四周，你看到的那些活得丰富充盈的人都是例外。绝大多数人都被困在狭隘、无趣的生活之中，每一次尝试改变都阻碍重重。

也许你是一个想尝试写电影剧本的词曲作者。以一种新的方式写作没有让你感到兴奋，反而让你觉得力所不及，所以你放弃了。也许你对一个一直视为朋友的人产生了强烈的感觉，但和他在一起的时候却下意识地封锁了自我。又或许你已经跑了许多个5公里，想要试试马拉松，却又不愿为此花费时间训练。

这些人都想在生命中打开一扇新的大门，却遭遇了大门紧闭的状况。只有一把钥匙，就是生命力量本身。但我们早就遗忘了找到生命力量的方法。在这种情况下，我们遗失了开启自己未来的钥匙。怎么会遗失这样的无价之宝呢？

我们寻找的方向不对。受消费文化的影响，我们习惯向外部寻找一切。商家在销售产品时宣称它们能奇迹般地解决生活中的问题。使用合适的护发素可以帮你吸引到理想的伴侣。佩戴恰当的腕表可以为你增添成功的光环。一辆新车、一位新的爱人或一个新家都可能激发暂时的兴奋，但这不能持久。就像一个小孩兴冲冲地玩着刚拆封的圣诞礼物那样，我们很快就会失去兴趣，把注意力转移到另一件礼物上。

对身外之物的迷恋使改变不可能发生。如果你想用真正的潜力打开通往未来的大门，你需要获取内在的生命力量的能量。你看不见它，不能将它握在手中，但它流经你时将会激励你做到你以为你不可能做到的事。

历史、自然以及人类中的生命力量

数千年来，人们坚信我们的存在基于一种看不见却充满活力的能量。与我们通过数学理解的现代机械能量观不同，这是我们能够感受到的一种内在的活力。这种能量或者说生命力量在东方宗教里有着不同的表述。在印度哲学和医学中，它被称为“息”（prana），在藏传佛教中被称为“隆”（lung），在中国哲学和医学中被称为“气”。在《旧约》中，它被称为“灵”（ruach），意为上帝的呼吸，不仅赋予人类生命，也带来灵魂的进化。

生命力量本身也许是无形的，但彰显它力量的证据却无处不在。经过了数不清的岁月，它创造了地球上的生命，推动了从单细胞生物体到复杂程度超出想象的人类大脑的进化。每颗发育成成熟植物的种子，每条逆流而上产卵的鲑鱼，人行道缝隙中长出的寻觅阳光的野草，都是生命势不可当的力量的表现。

这又如何影响作为个体的你呢？陷入困境的词曲作家、为情所苦的朋友，以及停滞不前的跑步者，也许他们因为失败了太多次已经对改变丧失了希望，再多交流和分析也不能使他们摆脱悲观的结论。但生命力量以一种思考无法把握的方式影响着你。你能感受到它鼓舞人心的存在。这样做时，你体验到一种数百万年来维系着所有生命形式的力量。

把生命力量视为维持自然界中草长、鱼游、鸟飞等情形的力量是很自然的。但生命力量能做的不止这些：它可以为我们每个人内在的成长提供燃料。当你学会如何使用它的能量时，它就成了解决让我们感到无力的个人问题的良药。

每个人都被赋予以这种方式来运用生命力量的能力。但与生命力量在自然界的运作不同，利用这种力量促进内在成长需要有意识的选择。

你必须选择自我激励

仅在脑海中做出选择是不够的，你必须将你的选择付诸行动。过上激情洋溢的生活这种好事不会自动发生，它要求更强大的生命力量，那需要你做一些事。多数时候，我们在没有意识到自己做了什么的情况下积累了生命力量。坐在长凳上为队友呐喊时，我并不知道自己正在激发他们集体的生命力量。但我这样做的次数越多，就越熟练，直到它变成了一种我期待的仪式。

参与任何一项运动的运动员，在任何阶段，都需要这种激发他们生命力量的仪式。不妨观察一下运动员们在比赛前的仪式。弹、跳、撞、拍可能看起来像是过于好斗的舞蹈表演，但实际上是对生命力量的庆贺。

体育运动并不是唯一受益于生命力量扩张的领域。任何要求你去引领、创造、表演的角色——演员、法庭律师、老师等，都可以从强大的生命力量中获益。

最广泛的挖掘生命力量的实践，实际上是诸如冥想、祈祷、阅读、写日记、运动等许多人遵循的晨间仪式。不同于只为某项单一的活动做准备，比如一场比赛、一出戏剧，或是一次公共演说，这类仪式会帮你为接下来的一整天做准备。

每当你“实践”这些活动时，不管是全部还是选择出的几项，你都在“选择”把生命力量运用到个人成长中来。

拿枪的家伙

如果选择触发生命力量是任何人都可以采取的行动，我们每个人都可以自由地将这种力量引入自己的生活。值得注意的是，即使知道可以得到它，我们也不会激活它。相反，我们做出了让自己变得更弱的选择：我们因懒惰而放弃某些事情，出于不安全感而回避社交，因生意上不可避免的挫折而对下属大呼小叫。我们困惑地回过头来问："我为什么要那样做？我到底在想什么？"还有那个最令人不安的问题："我为什么会一次次重蹈覆辙？"答案是：当一个抢劫犯用枪指着你的脑袋，让你掏空口袋时，这算不上是你的选择。

"拿枪的家伙"逼迫你按照他的要求做出的选择，并不是将你与生命连接起来的选择。他的目的是汲取你的活力，夺走你的自由和未来。他想要的不是你的钱，而是把你的激情、灵感和潜力据为己有。

拿枪的家伙是一个象征，但象征着什么呢？它必定拥有巨大的力量，大到足以让你重复同样的选择，即使你意识到这些选择对你多么有害。

我们认为自己是理性的，所作所为皆有良好的理由。我们最不愿意承认的是，我们没有意识到的一种力量正在为我们做决定，尤其是它还携带着一份与我们追求的生活方式完全不一致的议程。

但不管你是否承认，这另一种力量的确存在。它造成的结果不仅仅是心理上的伤害，尽管这使它的效果更加显著。从我们出生起，它就作为一种非理性力量存在于每个人身上。它是你、我及其他每个人的一部分。

它的存在并不意味着你有什么问题。它既不是疾病也不是惩罚。但它总在那里，每一个你没有遵守的承诺，每一项你回避的挑战，每一次你屈服的冲动，都是这种力量的工作成果。当你凌晨4点因担心房贷而惊醒时，当你憎恨某人以至于无法专心工作时，当你在被当众羞辱后认为全世界都在嘲笑你时，你就是在通过这种力量之眼来看世界。

充满希望的时刻

在最意想不到的时候，我遇见了内在的敌人这只拦路虎。那时我刚刚完成了精神科住院医生的实习。多年来的训练结束了，我终于获得了渴望已久的自由。对我来说，自由不意味着环游世界，而是意味着我可以按照本能告诉我的方式对待病人。

这是充满希望的时刻。我感受到了做自己生命中注定要做的事情所带来的兴奋。开始精神病学实践不需要太多花费，一间办公室足矣。但我缺乏另一个关键因素——经验。我将会拥有它。

在这个以沉默寡言著称的行业里，我就像一个因疼痛而伸出来的拇指一样引人注目。我看待治疗的方式异于同行。他们将患者看成“病人”，他们的工作就是“治愈”病人。我刚学到这种标准的精神病学模型时就心生抵触。当你像处理“案例”般对待一个人，你就与他产生了距离。你无法通过询问 100 万个事实性问题来缩小这种距离，你需要用心与他的体验连接。

我的指路明灯不是精神病学，而是篮球。那是我发展帮助他人实现自身潜力的热情的地方。在那种情境下，成功不是终点，它是对持续成长的承诺。人的潜力的范围是无限的：从弹奏一种乐器到成为社群领袖，从发现一条通往灵性的新道路到学会对伴侣示弱，一切尽在你的掌握之中。

尽管这些潜力各不相同，但它们有一个共同点——对我的病人来说，它们遥不可及。我没有这种感觉。对我来说，征服看似不可能的事情是活着的本质。我的工作就是为病人创造一份真实的体验。

一些同行指责我偏离了正题，追求不切实际的目标，却对病人所患的“疾病”无所作为。事实恰好相反。当病人致力于追求自身潜力时，他们的生命力量会被激发出来，正是这种生命力量给了他们治愈自己的活力。你可以用药物掩盖症状，可以避免诱发症状的情况，但如果想持久地改变自己，你需要让自己往前走，努力实现你的潜力。

越能让病人意识到他们的潜力，我就越感到满足。最令人兴奋的事情莫过于有人发现了他从来不知道自己拥有的能力。这是一场终极的胜利，一份神秘的体验，让人如同目睹孩子出世那般震动。这情形如此令人满意，有时我甚至会感到内疚，我见证了这一过程，还因此获得了报酬。

病人开发这些隐藏能力的频率比你想象的要高。但只有在你发现自己有做什么的潜力之后，你才能开发这种潜力。我在自己身上发现了一种可以先于病人发现他们的潜在才能的“工具”，那就是我的激情。

我在大学里打篮球时培养出来的期待看到别人超越极限的狂热并没有消失。作为一名治疗师，我发现这种热情不仅能激励病人，还能让我发现他们隐藏的能力。我全身心地投入病人的成长中的激情，就像手电筒一样照亮了他们身上不曾被他们意识到的部分。

作用力与反作用力

我为自己所学的东西感到兴奋，也因获得推荐而高兴，我认为自己将拥有一个良好的开端。我设想热情能够助我渡过每一个难关。因为我还是个新手，尚未发生任何事情来打破这种错觉。但仅有热情并不足以让我迎战即将遭遇的对手。

多数新病人都会根据症状来定义病情的进展。这很正常，因为最初正是抑郁、恐慌发作、强迫症、失眠等症状把他们带进了治疗室。我经验不足，我的大多数病人都是初次接受治疗。新患者通常会很快取得进步，尤其是当他们被我的热情感染时。

但在我彻底陶醉于自己的才华之前，发生了一些令我不安和困惑的事情。他们的症状卷土重来了。持续的担忧，对令人生畏的情况的回避，在公共场合的不安全感，无法对一段关系做出承诺——这些症状都重新出现了。

有时情形引人注目。有些人本应努力克制愤怒和沮丧，却发现自己对其他司机大喊大叫，煽动争吵。另一些人会遭遇灵感罢工，宁愿在电视机前坐几个小时，也不去研究自己正在写的东西。一些创业者可能会染上赌博的恶习。

有时却很平淡。一个想减肥的人会吃掉额外的那块蛋糕。一名经理人会在开会时迟到 10 分钟。妻子每次经过丈夫身边，都会流露出一丝难以觉察的冷淡。这些症状可能很轻微，但长此以往也可能带来身体上的问题，造成职业上的失败，或者导致婚变。

无论我的病人有什么样的问题，刚开始治疗时，他们的症状都会减轻一些。受我的热情感染，他们对自己可以从折磨他们的痛苦和限制中解脱充满了希望。但现在这些希望破灭了。我需要重启引擎，聚集尽可能多的热情，倾注到病人身上。但我是在信口胡说，其实我对这些失败产生的缘由毫无头绪。

病人的反应令人痛苦。举个例子，有个病人想要迎娶自己深爱的女人，但他有勃起障碍，所以不敢对她许下承诺。所有测试结果都显示他很正常，可见这是一个“心理”问题。最初，在我的热情的感召下，他成功地解决了这个问题。接下来，他给她买了戒指。但改善只是暂时的，不久他的问题又回来了。他觉得自己被耍了，直白地向我袒露心声。

“我想许下婚姻的承诺，但这行不通。你是一个很好的销售，但我不认为你知道如何帮助别人。”

他是对的，我没帮到他。但这绝不是因为缺乏严肃的承诺。我不了解自己要对抗的力量，因此不太可能帮到他。在物理学中，“力”能使物体改变方向。在人类心理学中，有种力量可以使你改变方向，就像拿枪指着你脑袋的家伙能做到的那样。这种力量将把你推向何处呢？它会让你拒绝成长、前进和进化。

如果说生命力量开启了我们所有人身上无限的潜力，它的对手就是一种反向的力量，它会摧毁你的潜力，把你丢进处处受限的生活。它会表现为愤怒、冲动、上瘾、懒惰、恐慌、消极等情绪。最令人震惊的是，即使知道有些事对你坏处多多，你却仍旧这么做。你放纵自己吃糖，或者在家庭晚宴上挑起一场争吵，之后你扪心自问：“为什么我要一直这样？”

事实是，问出这个问题意味着你并没有意识到那种反向的力量的存在。就像重力使飞翔变得不可能一样，内在阻力使成长变得不可能。它的特征不是一次自我毁灭的行为，而是你一遍遍重复这个行为。这与你以头撞墙无异。当我开始识别出在病人身上起作用的反向力量时，我天真地以为我可以用言语说服他们停止自残。

我还不如试着说服他们不坐飞机就能上天。无论我多么坚定地想要改变他们的生活，这种反向的力量也同样坚定地让他们停滞不前。我感觉这种力量比我的力量要强大。我在和一个看不见的对手进行一场摔跤赛，它太强大了，能把我摁在垫子上，让我永远也爬不起来。

造成病人症状的真正原因是一种毁灭性、阻碍性的力量，这种实际存在的力量超出了我在专业训练中所学到的。精神病学家从理论层面进行思考，但当你被一块砖头砸中脑袋时，就不存在什么理论了。越是面对这种力量并感觉到它，我越相信它是真实存在的。

我完成了自己的训练，但和大多数年轻的精神病医生一样，仍然需要和主管讨论案例。我选择了一位非正式的主管，他比我年长约 10 岁，非常支持我。如果说有谁能让我敞开心扉谈论自身经历，那个人就是他。

我问他是否曾在病人身上感受到超出理论的破坏性力量，它如此强烈，让人感觉非常真实。他给了我一个“是时候该长大了”的微笑，我马上意识到，他把我的经历归入了噩梦与漫画的领域。

然后，他多少带了点儿屈尊俯就的意味向我解释道，许多初级治疗师都遭遇过和我一样的“困惑”。我感觉到的并不是一股神秘力量的存在，而是我内心对病人抗拒改变的反应。最后，他提醒我，心理治疗是一个非常令人沮丧的过程，我必须接受这一点，别诉诸童话故事。奇怪的是，那次会面结束后我甚至更加确信自己感受到的东西是真实的。

引入 X 部分

现在我必须说服我的病人。我有一个我的主管没有的优势。如果没有科学证据，他什么都不会接受。可我的病人们不在乎证据。对他们来说解脱就是证据，他们只想获得解脱。

这股神秘的力量在我的病人身上表现为怀疑、担忧、不信任、回避、对毒品和性的冲动性欲望，以及其他足以削弱他们机能的症状。它变幻多端。

拿枪的家伙控制了每位病人。他的子弹表现为具体的症状：恐慌、习惯性迟到、完美主义、回避社交等。他的目标不是杀了你，而是恐吓你，让你无法发挥潜力。拥有这种能量的东西配得上一个名字。“拿枪的家伙”听起来太尴尬了，没能充分彰显它的神秘能量。

我决定称之为“X 部分”。这是一个对禁区和危险事物的恰当称谓——必须尊重该力量的神秘性。将其称为“X 部分”并非巧合。作为你的一“部分”，它内在于你的人类身份，是你的永久组成部分，就像你的心脏和大脑一样。

但另外还有一个把它描述为你的一“部分”的理由。如果它只是一部分，那就必定还有另一部分。这“另一部分”就是X部分的对立面。它非但不限制你，还会解锁你接触生命力量的权限。它不会阻碍你的成长，反而会开启你的潜力。绝大多数人将这另一部分视为他们的灵魂。

给X部分命名使它获得了前所未有的真实。我对自己的发现感到兴奋，但我不知道病人对一个由热情洋溢却异常年轻的精神病医生提出的新概念会有什么样的反应。我记得自己独自在办公室里踱来踱去，演练如何劝服他们相信X部分真实存在且极其危险。

令我惊讶的是，他们不需要被说服。在他们的症状之后潜伏着一种普遍存在的力量，这一概念一听就是正确的。他们喜欢它的名字，很高兴能够找出自己痛苦的根源。在很短的时间里，他们中的大多数人都能在自己身上认出它。

我从中学到了一些重要的东西。一般人的头脑中都是一团乱麻。他们既不清楚自己的目的地，也不知道什么是他们的拦路虎。为了改变，他们需要从混乱中恢复秩序。智性理论在解释造成他们当下处境的原因时没什么用——人们需要与他们的实际经历相关的概念。这也是他们容易接受X部分的原因，他们能够感觉到它的存在。真正对一个人、一个想法、一个决定产生信念，不是基于你得出的逻辑结论，而是基于你对它的感觉。

一旦X部分有了名字，并成为我的病人眼中的现实，他们的好奇心之门就打开了。如果说他们之前从未听说过的某种东西是造成他们的问题的根源，他们想知道它是什么，怎样起作用，以及他们该怎么做。这些都是我还没有找出答案的好问题。

最大的挑战是解释一种单一的力量如何导致各种看似不相干的症状。从我能够观察到的来看，我的病人们的问题最显著的共同之处是痛苦。不是应对死亡、疾病、经济逆转、失去朋友等情况时自然产生的痛苦。那是必要的痛苦。它不可避免，且在事实上能够帮助你渡过生活中的难关。必要的痛苦是提示你的生存或健康可能处于危险之中的警告。它让你与现实保持联系，引领你抵达现在，使你能看到自己是否需要采取行动。

我的病人感受到的是不必要的痛苦。这种痛苦不是对任何真实境遇的反应；它是由 X 部分主动造成的，它制造了一个你无须面对的问题，并提供了一个使问题恶化的解决方案。它非但不能带你脱离困境，反而让你的生活雪上加霜。伴随着不必要的痛苦，你并非在回应真实的世界，而是在回应一个由 X 部分创造的世界。

这是理解 X 部分的关键。它并不仅仅是对你袖手旁观。它是一股充沛的力量，有着永远不会停止追求的议程。X 部分被驱使着去创造不幸，就像伟大的艺术家被驱使着去创造美一样。

X 部分利用了人类容易自满的事实。除非危险来敲门，否则我们会对它不屑一顾。当我们意识到它的时候，危险已经在我们脑海中抢滩建堡了。它由此开始摧毁我们的精神，限制我们的未来，让我们质疑自身潜力的真实性。真正的危险是你没有意识到 X 部分正在对你做什么。

击败 X 部分、夺回你的灵魂与未来是有可能的。但面对一个你看不见的敌人，即使用上最强大的武器也无济于事。因此，第一步是识别你自身的 X 部分——它如何在你的生活中表现出来。

不可能的力量

你必须知道去哪里才能找到像 X 部分这样狡猾的东西。X 部分是看不见的，但它会在你的内在体验中留下痕迹。最普遍的 X 体验就是感到被困住了——无法前进，无法改变，无法企及某个对你来说很重要的目标。当你在生活中撞了墙，却又不知道该如何绕过它时，你就走在了 X 部分的轨道上。

你被困住的地方，无法达成的目标，未必与权力或地位有关，重要的是它对你有意义。你可能想学会在伴侣面前示弱，但害怕看到他们会有怎样的反应；你可能想开启一项全新的事业，却不知道该如何起步；或者你想克服对飞行的恐惧，但光是想想就让你充满恐惧。

不管你追求什么样的目标，在某些时刻都会遇见障碍。人的一切努力中都会存在困难和复杂的局面。这些绊脚石是生活中很自然的一部分。当单个挫折扩张、加剧，直到所有可以提升的能力都被封锁，就说明 X 部分已经登场了。那就好像你撞上了一堵高不见顶的墙。你只能看到用巨大的涂鸦风字母写就的“不可能”。X 部分不会说“非常困难”或“一次真正的挑战”。它会告诉你：放弃吧，打道回府吧，你已经走进了死胡同。

X 部分选择了一些难题，比如，面对孤独之痛、进入一无所知的行业时的迷茫、在观众面前局促不安的耻辱，使之看起来无法解决，以此来展示一种黑暗的、破坏性的魔法。

X 部分善于在司空见惯的情况下施展其消极的魔力。琼是一名 17 岁的高中生，她离开家时会产生强烈的焦虑感。这是一个困扰她多年的问题。对她来说，在外过夜、拜访远方的亲戚以及参加学校的野外考察都是难事。

她知道自己的恐惧并不理性，但当恐惧发作时，她感觉自己不可能控制住它。X 部分更在意给她带来无法克服恐惧的感觉，并不在意她恐惧的细节。X 部分的目标是用挫败感来腐蚀她，好像不可能是一种有毒物质。

琼是一个拥有非凡天赋的足球运动员，但当 X 部分传播它的精神毒药时，和校队一起出行对她来说就变得非常困难。她开始在赛场上失去信心。作为一名通常富有侵略性的前锋，她开始变得被动、畏畏缩缩，避免与别人发生身体接触。

X 部分散播出“不可能”的气息，将琼笼罩在无法离开家的阴影下，现在它又把一项她曾取得巨大成功的运动收入囊中。除非被阻止，X 部分将持续散播不可能的有毒力量，直到一切成长都遥不可及，所有关于未来的梦想都被摧毁。这种不可能感的蔓延是 X 部分的力量的秘密。它就是这样把一个普通的心理问题不断扩大，直至你被摧毁。

在琼的案例中，X 部分延续了它一贯的努力。每次她试着走向世界，X 部分就恐吓她，让她丧失勇气。

重复的力量

X 部分坚持不懈地维持它想让你拥有的世界观，就像独裁者通过重复一个谎言直到它被公认为是真理来控制所有人。独裁者使用的谎言是，他们是唯一能解决人民问题的人。X 部分也对我们洗脑。它的谎言是，你的问题无法解决。那是不可能的，而你应该放弃尝试。

心理学过多地关注过去，可能正中这种谎言的下怀。这是一份让 X 部分加深不可能感的邀请函。想象你的过去被放在博物馆里，以系列照片的形式展出。每张照片展现你生活中的一个事件。作为策展人，X 部分有权决定挑选哪些事件，但它只挑选了最负面和最令人痛苦的那些事件。为什么？因为当你重温它们时，你对自身定位及潜力的认知会萎缩。

我们想相信自己可以理性地评估世界，尽管实际上统治着我们世界观的是 X 部分。通过一遍又一遍重现消极的经历，它营造出无处不在的消极感。X 部分可以重现某段消极的经历，或者从你的过去搜索各种各样的消极经历。它甚至可以构建未来的、尚未发生的糟糕体验。我们视之为担忧，的确如此，但在 X 部分的征伐中，担忧是一件让你被消极情绪淹没的工具。

我们都认识某些世界观被 X 部分主导的人。无论是回首往事，抱怨从前，还是展望前路，为未来担忧，他们都会散发出这个世界无法容纳他们计划和愿望的消极气息。和他们在一起时间长了，你会感觉到他们的沮丧、愤世嫉俗和不满也蔓延到了你身上，威胁着你自己的生命力量。

重要的不是你怎么想，而是你怎么做

你做的每件事，要么提升了对可能之事的感知，要么加强了什么都不可能的感觉。饭后多喝了一杯，在孩子面前和伴侣争吵，坐在电视机前 4 个小时——你知道这些事于你无益，但你还是会继续这样。X 部分胁迫了你，让你感觉无法自控，尽管你知道你的行为多么具有破坏性。理性敌不过 X 部分。

也许你想重返校园、减肥 20 磅[①]或者找到一个能激励你的精神团体。你在与 X 部分进行一场意志较量，尽管它宁愿你不知道它的存在。X 部分朝着它一贯的目标努力，让你在一个不可能的世界里感到绝望无助。是你的行动而非你的想法决定了孰胜孰负。

如果不能阻止你行动，X 部分就会让你错误地行动。它采取的最有效的策略以及最大的谎言之一是告诉你，只有大的、引人注目的行动才算数。事实正好相反。最高的能量往往通过最小的行动引入。小行动的重要性在于它们可以一再重复，为生命力量打造出一条不间断的通道。

如果你想重返校园，不妨从上一节晚课开始，感觉一下这是不是一个正确的选择。如果你想减掉 20 磅，可以从下一餐起不吃甜点。如果你想找到一个激励自己的精神团体，不妨问问周围为这些团体工作的人。只关注巨大的、具有象征意义的胜利，就像突然开始速效减肥，会导致你在失败几次后放弃。

---

① 1 磅约为 0.45 千克。——编者注

无论你觉得改变你的行为方式有多么不可能，总有一些可以让你行动起来的事情。这就是为什么当X部分在你的生活中出现时，能够识别它很重要。识别它的存在就是一种行动，当你遵循规律时，这个行动会成为把你从X部分的牢笼中解放出来的第一步。

识别你自己的X部分

这个简短的练习将向你介绍你生活中出现的X部分。

> 回忆你在生活中感到陷入困境的某个具体时刻，比如当你无法改变一些东西或实现一个期待的目标时。这个目标不需要多么引人注目，只要对你重要就行。它可以与人际关系、职业、创造力、育儿或者生活中的其他部分有关。此事发生的时间可以是上周或几年前。如果你觉得寻找具体的时刻很困难，也可以选择生活中你一直觉得难以应对的一个领域。唯一的要求是你感觉很无助，被内在的东西所阻碍。注意你被困住的场合，此时X部分已然登场。感受到它围绕着你时，告诉你自己："这就是X部分。"

我们将这个过程称为"贴标签"。你将学会辨别那些独有的特征，它们能帮你识别你自己的X部分。尽管很简单，但它是接下来所有事情的关键组成部分。

贴标签的重要性

为了阻止 X 部分，你必须当场抓住它。这没有听上去那么容易。X 部分悄无声息地接近你，迅速行动。这给了它冲力。当高中足球运动员琼听了 X 部分关于离家的警告，她失去了控制自己的恐慌情绪的信心。“我做不到，这是不可能的”之类有毒的态度积聚冲力，迅速蔓延至她生活的其余部分。

你需要在 X 部分获得冲力前阻止它。就像外科医生必须在急诊室里给伤员止血，以便弄清楚他需要采取什么措施，你也需要阻止 X 部分将其负面影响渗进你的心灵。如果做不到，你会收获“我对此无能为力”的痛苦感觉。

但阻止 X 部分与缝合血管不同。X 部分没有物质形态。它是一种力，只有生命力量的无穷能量能阻止它。

你能认出 X 部分并指出它的存在，意味着你不是 X 部分。如果是的话，你就没有办法给它贴标签。所以，每次你标记出 X 部分，就激活了你身上自由的那部分。这部分就是你的灵魂，它让你可以选择如何看待这个世界。

你标记 X 部分的次数越多，你的灵魂就越活跃。这让你可以直接接触生命力量——进化之动力，隐藏潜力之源——并由此感到一切皆有可能。

当琼发现自己灵魂的力量时，这是一个启示。现在她可以看到，X 部分隐藏在让她在球场内外举步维艰的恐惧背后。她不再是 X 部分被动的受害者，记忆中第一次，她看到了一条走出不可能世界的道路。

采取行动的承诺

将那些摆脱了 X 部分的桎梏的人与没摆脱的人区分开来的要素是连贯性。X 部分会用不可能感无情地碾压你。如果你想夺回对自己灵魂的控制，必须同样无情地许下承诺，把它的存在标记出来。真正的承诺意味着承诺做某事，然后一遍又一遍地履行这个承诺。

那意味着付诸行动，而非仅仅空想。要么行动，要么不行动——其他都无足轻重。行动分两种。第一种是外在行动，也就是你在周围世界里所做的事情。我们很清楚大多数人使用“行动”这个词时要表达的意思。你坐在电脑前敲出一份新简历或者不敲。你为了观看孩子的校园剧而取消一次会议或者不取消。你和你的领导对峙或者不对峙。

我们对第二种行动知之甚少。它被称为“内在行动”。正如外在行动是为了影响周围的世界，内在行动是为了影响你的内在世界。这是思想和情感的世界——你的内在状态。你和 X 部分的战斗发生在这个内在的世界。这是为了你的灵魂而战。

X 部分让失败、消极和自我怀疑的感觉充斥你的内在世界。如果你不反击，X 部分就会创造出一幅被剥夺了所有可能性的暗淡未来的图景。

大多数时候，你都没有反击。不是因为你不想，而是你不知道该怎么做。这是一场内在的战役——炸弹和枪子儿毫无用处。你需要可以在你内心使用并且能改变你内在状态的武器。

我们的工作和热情向你展示了这些内在的武器。但如果你不能辨别 X 部分的攻击，你就无法使用它们。贴标签是第一道防线：它为你识别敌人，这样你才可以反击。

在内在世界，承诺甚至比在外在世界更重要。这意味着许诺给 X 部分贴上标签，并日复一日地信守承诺。这仅仅是第一步，但它提醒你，你内在有一个真正的敌人，它不会放弃摧毁你的精神。

但不论你有多少武器，"杀死" X 部分是不可能的。就像恐怖片中最后一刻从坟墓里爬出来的怪兽一样，它总能卷土重来。那并不意味着你必须接受它看待生命的悲观态度，但的确意味着你在任何时候都可能受到攻击。一旦攻击开始，就需要用一种精神上的警觉来捕捉它们。给 X 部分贴标签就充当了你的预警系统。

在 19 世纪更具诗意的语言中，给 X 部分贴标签的重要性可以用一句名言来概括："自由的代价是永恒的警惕。"

但为了让它发挥作用，你需要许下承诺。这承诺不要求天生的智慧、运动能力、功成名就的朋友或更高的学历——它只意味着你得言出必行。我的篮球生涯并非如你所预想的那般成功，但我体验了全心投入是怎样的感觉。之后，我学会了将这种能力迁移到生活中的其他部分。

30 多年前，在我组织的一次研讨会上，我遇见了日后的合著者巴里 · 米歇尔斯。当时，他已经是一位成功的律师，并开始了作为治疗师的第二职业。他有一种非凡的（并且有点儿恼人的）能力，可以就 X 部分以及我工作中其他任何他能让我开口谈论的方面盘问我。

起初，鉴于他受过法律训练，我没把他放在心上。因为我所做的一切的主旨是对行动的承诺——既包括内在的，也包括外在的——我怀疑某人只是在收集信息。几个月后我才意识到遇见他有多么幸运。他是我见过的最坚定的人之一。

他告诉我，每次结束治疗时，他都会让病人在下次见面前“做一些事”。长期以来，我一直认为，病人在治疗间隔期的这种参与是缔造真正的改变的关键。最令人印象深刻的是，他要求病人做的任何事也同样要求自己做。他为了击败 X 部分所做的不懈努力激励着他身边的每一个人。

02

为生命力量而战

巴里学会了识别和击败 X 部分，并发现了他的生命力量——一种超乎他想象的关于兴奋、热情和创造力的新境界。

没有什么能比和你职业生涯中第一位接受心理治疗的病人面对面坐着更让你感到无能为力了。就我来说，这一幕发生在我研究生一年级时去实习的一家破旧的社会服务机构里。我的办公室是一个小隔间，墙上装饰着几十年前的旧海报（“要爱不要战争”“冻结租金而非工资”），地上铺着沾有咖啡渍的地毯，还有一把给病人坐的模制塑料椅。我坐在一把磨损的“总裁”椅上，如果向后靠得多些，椅子就会翻倒——我看起来几乎就像个彻头彻尾的傻瓜。

从某种意义上说，我就是个傻瓜。每个菜鸟都是。钻研再多课本，听再多讲座，参加再多考试，都不可能让你做好准备去面对那些正在痛苦中挣扎，（通常是绝望地）盯着你寻求解决方案的活生生的人。我的病人来自各行各业，有不少是穷人，但令我惊讶的是，其中大多数是中产阶级，他们陷入困境并非由于自己犯了什么错。他们所有人几乎都比我年长，比我阅历丰富，待在特权圈层，做着安逸的工作，过着封闭的日子。

然而，最令我惊讶的是，他们是如何对我掏心掏肺，脆弱地把自我放在我手中的。我敬畏他们的勇气，更重要的是，我想通过施以援手来证明信任我是正确的。

我接二连三地失败了，但并不是因为我不肯尝试。我沉浸在当时流行的心理动力学的治疗方法中。它的理论是，一旦病人了解到是什么引发了他们的问题，症状就会消失。一位病人抱怨说他经常焦虑，我们追溯到他暗淡的成长环境——他的父亲患有不治之症，母亲因为打太多份工，很难见上一面。另一位病人想要停止选择心有所属的男人，我们发现这种情况始于她那冷漠无情的父亲，她很渴望却从未得到过他的爱。

我的病人希望知道自己是如何陷入这些习惯模式的，但解释本身并不能帮助他们脱离困境。我打从心底里对心理动力学理论产生了怀疑。我不停地问自己："为什么明白了问题的起因就可以解决问题？难道病人不需要从此时此地起做出改变吗？"

我不知道答案。但我发现自己渴望带给病人一些东西，而非仅仅洞悉他们的过去。他们现在就能做些什么，开始改变自己的生活。彼时我并不知道，我注定要向菲尔·施图茨学习我所渴望的革命性的治疗方式。

命运还没有准备好把我们介绍给彼此，所以在求学和实习之后，我开始了自己的实践，尝试采用一种被称为认知行为疗法（CBT）的心理治疗理论。认知行为治疗师不分析过往，而是指导病人改变当下存在问题的想法和行为。这个理论对我来说很有意义。一个病人的女儿数学考试不及格，我训练他用更现实的结论（"孩子遇到困难是正常的，有些资源可以帮助她下次做得更好"）来代替夸张的结论（"她永远也考不上大学"）。病人觉得不那么焦虑了，不再给女儿施加太多压力，相反他采取了一种解决问题的方式来帮助女儿。渐渐地，我们把这种方法推广到他所有的灾难性想法中。

我甚至也对自己使用过认知行为疗法。在人生中大部分时间里，我一直被不理性的、严厉的自我批评所困扰——做每件事情时，我的脑海里都会浮现一个轻蔑的声音。“你这个治疗师真差劲儿。你不是一个好的朋友。你一辈子都无法成为一个了不起的人。”在遵循认知行为疗法的过程中，不管何时听到这种声音，我都会用相反的证据来提醒自己：“我只用了 3 年时间就完成了大学学业，并以优异的成绩毕业。我的朋友们喜欢我。到目前为止，我的大多数病人都是回头客。我肯定做对了一些事。”

这么做有时会奏效。但这些现实检验往往是失败的。老实说，它们经常听起来很荒谬，就像斯图尔特·斯莫利[①]在《周六夜现场》中傻乎乎的自我肯定：“我够好了，够聪明了，真是该死，大家都这么喜欢我。”更糟的是，有时我试图自我纠正，会招致该声音更恶毒的回应：“对了，你认为病人们再次上门是因为你帮助了他们？他们再来是因为他们很绝望。你和毒品贩子的唯一区别在于，你贩卖的是虚假的希望，而不是毒品。”

我感觉自己面对的是一种比认知行为疗法中所谓的“功能障碍性思维”更强大的东西。那声音像是一股强大的逆流，把我拖进一个世界，在那里，改变不可能发生，我过去及将来都有严重

① 斯图尔特·斯莫利是一个虚构人物，由美国喜剧演员兼讽刺作家艾尔·弗兰肯（Al Franken）创作并饰演，该角色最初出现在综艺节目《周六夜现场》中。——译者注

的不足。在那个世界，相反的证据不会产生任何影响。

我不是唯一一个在这个令人痛苦的地方度日的人，我看到一个接一个的病人掉了进去。他们症状各异——担忧、孤独、缺乏动力、忍不住想发火——但其中大多数人发现，改变想法并不能让他们爬出所处的深渊。

我拒绝了心理动力学理论，因为它对过去的关注并没有为病人提供一种改变现在的方法。认知行为疗法认识到改变当下的需求，但它低估了挑战：其技术无法与一种内在的力量相抗衡，这种力量可以压倒理性思维，使改变看起来不可能发生。

这两种理论都失败了，我感受到了危险的压力：我想帮助病人，证明我没有辜负他们的信任。更重要的是，我想对自己有信心。什么样的理论能带给我这些呢?

发现生命力量

我即将发现真相：理论并不重要，只有生命力量才能给我我正在寻找的东西。但我从来没听说过“生命力量”这个术语。即使我听说过，那也不够：你必须亲身体验，才能挖掘出它的益处。幸运的是，命运决定是时候让我遇见菲尔了。一位朋友告诉我，有位精神病医生在召开研讨会，同时神秘地补充道，此人不同于他见过的任何一位心理医生。对解决办法一筹莫展的我就这样去了。

那次研讨会开场 5 分钟，我关于心理治疗的所有概念就被颠覆了。首先是菲尔自己，他浓重的纽约口音以及对直率的街头语言的偏好让他站在了大多数精神病学家的对立面。我的父母是洛杉矶精神分析界的活跃分子，在长大成人的过程中，我见过不少精神病学家。除了一些明显的例外，他们大多数都表现得生硬、保守和正式。他们对所有关于人类行为的理论熟稔于心，却与真实的人类保持着一定的距离，仿佛后者散发着难闻的气味。相比之下，菲尔显得随便多了。他拿自己开玩笑，一旦了解了我，也拿我开玩笑。他有着无穷无尽的热情，对每个人的潜力都有一种富有感染力的、根深蒂固的信念；你感觉他会愿意说或做任何事来帮你实现目标。

作为一个人，菲尔跟我预想得很不一样，而他组织研讨会的方式则把我的预期彻底粉碎了。当我在酒店宴会厅找到自己的座位时，我以为会听到一场稳重的、深思熟虑的讲座，探讨人类心理学理论，以及菲尔的方法与我在学校学到的究竟有何不同。

你可以想象，当他一开始就要求我们每个人站到小组前面，谈论我们遇到的任何问题时，我有多惊讶。我能听到那个轻蔑的声音开始做准备，我发现自己在寻找最近的出口，不知道有没有办法不被人注意地溜出去。轮到我时，我出了一身汗。无路可逃的我只好站起来，讲述了我长久以来的自我批评。坐下前，我自嘲地开了个玩笑："我现在在想，我在表达我是多么爱自我批评上做得很糟糕。"

这话把大家都逗乐了，但菲尔脸上连一丝微笑都没有。他直视着我的眼睛，问道："你喜欢那样贬低自己吗？"

我闭上眼睛，过了一会儿，我感受到了悲伤，每当我屈服于那个声音，内心就会有被背叛的感觉。"不，我讨厌它。"

“很好。那种事以后想都别想了。”

回首往事，那一刻，我停止思考改变，而是开始为之努力。在我成年后的人生中，从来没有人像菲尔那样命令我去做任何事情。我没被冒犯，事实上，我深受刺激。菲尔的眼睛里闪烁着坚定的光芒，我第一次真正相信我可以而且必须停止自责。我不知道是怎么一回事，但他以我从未体验过的方式激发了我为自己奋斗的欲望。

这是怎么发生的呢？我感觉到菲尔的生命力量——他对人的潜力的无法抑制的热情——激发了我自己的生命力量。仿佛读懂了我的心思，他开始描述生命力量，以及它如何在看似不可能改变的情况下创造可能性。给它起个名字很好，但我更着迷于它带来的内心感受：我有动力，有决心，愿意冒险做任何事情——同时觉得现在、此刻，改变是可能的。

无数问题在我心里冒泡。这就是心理疗法的初衷吗——唤醒每个病人体内休眠的改变之力？也许我的直觉是对的——要想真正有所不同，治疗就不能是悠闲地漫步于过去，也不能是用一个想法替换另一个想法的肤浅练习。它必须比那更直接：改变必须现在发生，它必须调动病人内在的生命力量，而不是退回抽象理论的层面。

但我如何才能经常接触这股神秘的可以促使人行动起来的生命力量——更别说在我的病人身上诱发它？我学会的第一步是识别它的敌人X部分。这对我来说并非难事，因为它就是我脑海中不断攻击我的那个声音。菲尔教我如何给X部分贴标签，在离开研讨会的那一刻我就决定要这么做。我激动不已。我感觉自己学到了可以改变我人生的东西。我的内在住着一个敌人，我决心在它搞破坏的时候将它一举拿下。

无处不在的 X 部分

至少可以说，研讨会之后的几天，我的心情不甚平静。我在寻找 X 部分，我意识到它一直在攻击我——如此频繁，我错过了很多给它贴上标签的机会。菲尔警告过我们会发生这种事，所以我坚持尝试，逐渐变得越来越擅长。

这里有一些它攻击我的方式：

> 我在上班的路上听一个无线电台的双人节目——他们刚刚打了个恶作剧电话，把我逗得哈哈大笑。X 部分说："有些人在早晨上班的路上听国家公共电台或改善思维的有声读物，你却把时间浪费在这些垃圾上。"
>
> 我的妻子忙得不可开交，把女儿交给我一会儿。她开始扭动着想从我怀里挣脱，最后叫着喊着要妈妈。X 部分说："看吧！即便是一个小孩也能看出你是个多么无能的父亲！"
>
> 在一个热闹的聚会上，我一个人也不认识。除我之外，似乎每个人都有交谈的对象。我不好意思和一个完全陌生的人攀谈。每过一分钟，X 部分都让我觉得自己更像一个怪咖："你很有问题——别人也能感觉到；这就是为什么没人想和你说话。"

令我惊讶的是，X部分是多么狡猾地利用这些无伤大雅的情境来反对我。我不是唯一的受害者。当我的病人学会给X部分贴标签时，他们注意到它对他们做过同样的事情。X部分让一位病人沉浸在遭到鲨鱼袭击的恐惧中，从而毁掉了她的沙滩假日。在另一位病人身上，一则关于体重的幼稚评论触发了X部分诱导的羞耻螺旋。还有位病人在工作中受到了轻微的指责，X部分诱使他与老板对峙，这让他丢了工作。X部分熟练地把每一种情况都转变为与人对抗，我开始这样向病人描述它："一视同仁的意念操纵法"。

一开始，很多病人受不了整天都在努力寻找X部分，特别是当他们还不习惯的时候。不要为此感到有压力。刚开始你会错过很多次。但不管你错过多少次，都要坚持下去。在很短时间内，你就会变得擅长，并开始看到一些令人惊喜的成果。

看见即解放

在第一周，我注意到了一个变化。我开始感到更轻松，更自由。简单地一次又一次地抓住X部分的现行，帮助我获得了和它的距离感。这就像从我体内驱出一种看不见的寄生虫，把它逼到一个我能看到它的地方。仅仅把它召唤出来就在它和我之间创造了一个缓冲区——这种距离让我可以选择是否要听它的。我仍然经常做出错误的选择，但仅仅知道我可以选择就使X部分没那么难以抵挡了。

但更重要的回报还在后头。传统的心理疗法，通过关注你的过去，不知不觉地鼓励你活在过去。给 X 部分贴标签发生在当下，让你可以对过去放手。

我就是一个很好的例子。早在遇见菲尔之前，我已经很清楚自己长期以来自我批评的根源。我的母亲是一个极度不快乐的人。当我还是个孩子的时候，她让我觉得，我是她生命中唯一能让她快乐的人。用她的话来说："巴里，要不是为了你，我早就自杀了。"现在我知道了，那是她的 X 部分在说话，但还是个孩子的我感觉对她有责任，我做了我能做的一切，同情她，鼓励她，逗她笑，等等，让她可以好受些。这在当时经常是有用的，但最终她还是会回到同样的状态——沮丧和愤怒，因为（在她看来）每个人都让她失望。

我逐渐开始不喜欢自己，觉得自己辜负了她。我越独立，她就越把愤怒的矛头指向我，坐实了我的失败感。很显然，这就是我无孔不入的自我批评的源头。

关于传统心理学，我的问题是，我已经都了解了，但这种洞察力无济于事。一定要说的话，一遍遍地重温过往似乎正中 X 部分的下怀。把问题追溯到我母亲身上是一回事，但 X 部分想要更多：它想让我一直为此责怪她。如果 X 部分能让我专注于母亲过去对我所做的事，它就能隐藏它现在对我所做的事：让自我厌恶持续发挥作用。我认识一些接受过精神分析治疗的人，已经六七十岁了，仍然把生活中所有不好的事都归咎于父母。我害怕自己也成为这些没完没了的"受害者"之一。我想停止责备自己和她。

我强烈地感觉到这一点，所以我决定，当我内心有声音在贬低我时，当它试图把责任推给我母亲时，我都会给 X 部分贴上标签。“难怪你这么喜欢自我批评——你妈妈对你要求太多，对你太苛刻了”，诸如此类。我开始意识到，这是 X 部分在责怪她开启了它正在设法延续的这一切。随着时间的推移，我终于明白了，我真正的敌人不是母亲，而是 X 部分。

这比重温过去更有效，对她也更公平。事实上，我母亲在很多方面都是一位了不起的母亲。她富有想象力，总是鼓励我的创造性追求。她培养了我强烈的公平感和对弱者的同情，让我有勇气面对童年时代无数的恐惧。X 部分想让我忘记所有这些赐予，只关注她做过的伤害我的事情。我越视 X 部分为真正的敌人，我对她的看法就越平衡：她做的事有对有错，但现在我有责任接手这份塑造我自己的工作。我喜欢菲尔的方法，它让我，而不是她，对我的进化负责。

作为一名初出茅庐的心理治疗师，我开始意识到这是传统心理学的一个弱点。因为只关注过去，它不知不觉强化了 X 部分阻挡你的使命。这两者都在告诉你，你的过去决定了你现在是谁。这忽略了你作为人所具有的最强有力的武器——想要改变你的想法、感受以及当下行为的意愿。传统疗法常常成为 X 部分的牺牲品，让你滞留在责怪过往的孩子气的立场。给 X 部分贴标签能把你提升到情绪成熟的阶段；你意识到过去是如何影响你的，但下定决心为现在的你负责。

正如菲尔在研讨会上预测的那样，不断大声说出 X 部分的名字对我还有别的益处。它激活了我的“灵魂”，后者是创造力的化身。我一直秘密地怀有写作的抱负，但 X 部分告诉我，这样做只会让我自己难堪，我从未鼓起勇气去尝试。现在，在厄运耳语者喘息的间隙，我发现自己记下了我脑海中闪过的想法。最终，这些笔记演变成了一篇关于父子关系的文章。它耗费了我几个月时间，但最终完成时，我对结果非常自豪。事实上，因为太自豪了，我犯了一个新手的错误：我忘记了X部分的存在。

众人皆倒退

尽管初衷很好，你也会这么做。在某个时候，你开始获得对X部分的掌控感。你的症状会减轻或者彻底消失，在胜利的洗礼下，识别X部分的练习会悄悄终止。你会忘记X部分，但它并不会忘记你。当你放松警惕的时候，它会逐渐恢复。

在完成关于父亲的文章后的几周里，我重又陷入了自我憎恨的泥潭。起初是关于这篇文章。（“它多愁善感且太过坦白，你猜怎么着——没有人关心你或是你与父亲的关系。”）但很快，它就扩展为对一切事情的控诉。（“当你死的时候，你做过的事情不会对任何人产生任何影响。你整个的存在就是一个笑话。”）

这些攻击很难对付，因为忘记了X部分的存在，你没有做好准备。起初我找不着方向，发现自己陷入了自我厌恶和绝望的无底洞。但我有了一个前所未有的优势，我知道X部分，并且已经上千次识别出了它。这使我镇定下来，做了个深呼吸。“这是X部分，”我对自己说，“你现在在它的世界里，但别迷失自我。”这里一片黑暗，但通过不断地将自己与X部分区分开，我发现自己内心有一束微弱的、不会熄灭的光——这是将我与 X 部分剥离的灵魂之光。

掩藏在黑暗中的光芒

我想象自己掉进了一个地狱：那是一片被炸烂的、贫瘠的荒原，没有希望，没有前途，没有可能性。在心灵之眼中，我看见了 X 部分——这个黑暗王国的铁腕主宰。我怀着厌恶的感觉意识到，我任由 X 部分将我全部的生活拖累至此，直到我精神枯竭才会释放我。我从未主动逃脱过。我突然感到一阵愤怒——部分是由于自己的被动，但主要是因为 X 部分。然后，我不知从何处感受到了新东西：反抗。我有了反击的欲望。我听到自己的声音在灵魂中回荡："我不会允许你再让我攻击自己了。"当菲尔命令我停止攻击自己时，我内心的声音和他的一样热烈。

我不知道这种勇气从何而来，但突然间，我觉得自己比以往任何时候都强大——一个坚强、自律的战士，如果有需要，愿意为自己的余生而战。X 部分凭空消失了。

平静下来后，我开始从头追溯。进行创造性的冒险（写这篇文章）就如同我对 X 部分嗤之以鼻。它渐渐失去了对我的控制，于是开始狡猾地回击，之后伴随着不断加剧的自我厌恶。我把 X 部分给忘了，所以一开始向它屈服了。但这是暂时的。我突然想起，我可以把自己和 X 部分剥离开来，看清它的真面目：一个恶毒的敌人，决意抓住一切机会削弱我。

在那一刻，某种全新的东西出现了：我自己的生命力量。这是最出乎我意料的事。我感受到一种大胆的反抗——就像你直面恶霸时的感受一样。在你身上，它可能以一种完全不同的形式显现，比如增强的目标感、清晰的思路、自我表达或解决问题的能力的提升。不管它以什么样的形式显现，都会赋予你你不知道自己拥有的力量。有了这些力量，一切皆有可能。

生命力量使我战胜了 X 部分。我现在知道这是我从一开始就在寻找的东西。这是我还是一名实习生时所感受到的渴望，我想不仅仅依靠对病人过去的了解来回应他们的请求。这是菲尔用以挑战阻碍人们发挥其潜力的一切事物的热情。我怀着兴奋和决心离开了菲尔的研讨会，开始给 X 部分贴标签，就好像我的生命有赖于此。生命力量给了我书写父亲的勇气与创造力，并在我写完那篇文章后把我从 X 部分设的陷阱中救了出来。

生命力量也永远地改变了我作为一名治疗师的行为方式。我的病人不知道如何用语言来表达，但他们每个人都要求我展现出更多的生命力量——向他们传达改变是可能的，而我可以为他们指明道路。我过去总认为，最好的疗程是我能把事情解释清楚的那些疗程。而事实证明，病人们更喜欢我对改变充满激情的那些疗程。对他们来说，我说什么并不重要，重要的是能感觉到我灵魂的骚动。我不再试图模仿那些伴我成长的精神病医生那种超然、理智的风格。相反，我发现自己更像是在扮演孩子们的运动队教练。他们希望每位球员都能全身心地投入每一场比赛中——超越他们以前的水平。我想在我的病人身上激发同样的全力以赴。它使我能爬出 X 部分设下的陷阱——我知道它也会为他们做同样的事情。

工具：生命的门户

生命力量是 X 部分的对立面。如果 X 部分是不可能的预言者，生命力量就是无限潜力的先驱，让你感觉一切都可以马上改变。它比你更了解你能做什么——它给你能量，让你成为最高版本的自己。我从未见过有谁不能从中受益。

那么，怎样才能更多地接触生命力量呢？

虽然听起来很奇怪，但 X 部分会将你引向生命力量。想想发生在我身上的事。如果 X 部分没有把我拖进它的地狱，我不会下定决心奋力爬回地面。通过像那样努力摧毁我的生命力量，X 部分反而在不知不觉中指明了通往它的路径。在我的案例中，我很幸运——我要做的仅仅是一次又一次标示出 X 部分，以获取反击的能量。但你会发现，大多数时候只标示出 X 部分是不够的。当 X 部分攻击你时，你需要一种连贯、可靠的方法来利用你的生命力量。这就是你需要工具的原因。

使用哪个工具取决于 X 部分如何攻击你。在接下来的几章里，我们将识别 X 部分几乎对每个人都会使用的 4 种基本攻击模式。这些是 X 部分最有效的策略；我们从来没遇到过没在其中至少一种模式上栽过跟头的人，大多数人都是这 4 种模式的受害者。每一种攻击模式创造出一种不同类型的死亡——X 部分耗尽了你与生俱来的精神、活力和意义感。

下面是勾勒 X 部分试图用这些策略实现什么的最好方法：想象生活是一条艰险的登山之路。每迈出一步，你就离实现你的潜力更近了一步，但 X 部分不断地阻止你取得进步。它会尽它所能频繁地把你推进陷阱，让你停止攀登。我坠入了总是缺乏自信的陷阱。你的可能是长期的忧虑、拖延或喜怒无常。不管X部分把你推入哪个陷阱里，它都是由一系列想法、感觉和行为组成的，它们让你精疲力竭，相信自己没可能爬出来。这是X部分成功的关键：它不仅把你推入陷阱，还让你留在那里日渐衰弱。如果它成功了，你最终甚至会忘记自己身处陷阱中。你开始相信你所经历的就是生活的全部。

以下是4种最常见的陷阱：

1. **自我满足**：X部分让你屈服于诸如酗酒、暴饮暴食、上网、浏览社交媒体、发短信、熬夜、购物、赌博、玩电子游戏、看电视等冲动。它不关心你屈服于哪个冲动，即使你每次都屈服于相同的冲动也无所谓。它的长期目标要阴险得多：它想让你沉迷于即时的满足。当这种情况发生时，你将无法忍受在努力实现任何目标的过程中都要面对的不可避免的延迟、挫折和沮丧。你会和魔鬼做经典的交易，放弃你的长期潜力来换取一系列毫无意义的短期放纵。

2. **无精打采**：X部分让你相信你没有足够的精力来满足生活的要求，让你在应当为自己和你周围的人做的事情上懈怠。到该锻炼的时候了，但你沉迷于电视，无法从沙发上起身。你太累了，没法哄孩子上床，所以你纵容他们晚睡。你得回个重要的电话，但你知道这会让你感到精疲力竭，于是一再拖延。如果你不断地逃避生活的要求，不完成任务，你就会与他人失去联系，看着机会从身边溜走。生活会把你抛下，径自向前。

3. **意志消沉**：X 部分想把普通的沮丧转化为绝望，这样你就会放弃尝试，放弃对你来说最重要的事情。一名女子在寻找一位相爱的伴侣，但在多次受挫后，她完全停止了约会。一个十几岁的男孩整个夏天都在练习，期望进入足球队，却没被选上，于是他彻底放弃了体育运动。一位有抱负的作家有一部小说被好几家出版社拒绝了，于是她不再向其他地方投稿。不时感到失望是正常的，但如果 X 部分让你感到意志消沉，你就会像这些人一样退出，放弃自己的未来。

4. **感到受伤**：当你的感情受到伤害时，X 部分说服你别让它过去，别继续前进。你的配偶说了一些刻薄的话，你发现自己已经为此气了好几个小时。一个男孩的朋友跟他玩了个恶作剧，他气得拒绝再和他们扯上任何关系。尽管你更合适，你想要的职位还是被竞争对手抢走了；你选择罢工，拒绝尽职尽责地工作。生活中充满了意料之外的伤害。如果你无法化解受伤的感觉，X 部分就会刻意阻碍你；你不再以新的、令人兴奋的方式挑战自己。你的生活陷入了自怨自艾和自以为是的泥沼。

你可能曾掉进其中一个或所有这些陷阱。我们都曾这样。没什么丢人的。真正的问题是，一旦跌倒了，我们该怎么做：我们会停下。这正是 X 部分所希望的。解决的办法是爬起来。正如中国古代哲学家孔子所说："我们最大的荣耀不是从来不跌倒，而是每次跌倒后都能爬起来。"①

① 这句话最早可能出自 18 世纪英国剧作家奥利弗·哥尔德斯密斯（Oliver Goldsmith）的讽刺小说《世界公民》（*The Citizen of the World*）。书中虚构的一位旅英中国哲学家将这句话以孔子的名义写进了给朋友的书信里。——译者注

现在你明白了什么无助于你爬起来：责备你自己、你的过去，或者让你陷入困境的环境。爬起来只需要一件事——工具。我们已经创造出帮助你爬出每一个陷阱的工具。你使用这些工具的频率越高，就越有信心从X部分每一次的攻击中恢复，继续攀登至你潜力的最高点。

这些工具给了你什么

这些工具中的每一个我都用过无数次，并把它们传授给了数不清的病人。我可以证明它们的有效性。它们会在你需要时，为你提供造访生命力量的权限。

刚开始使用这些工具时，你会感到放松，因为你可以打破自记事起就阻碍你的旧的习惯模式。你一生中大部分时候都有体重问题，突然间就能坚持节食和锻炼计划了。你有个一直想做的项目，但在结束了一天的工作后总是太累；现在你有精力去处理它了。在生活中，有人会批评你所做的一切，过去这总是让你气馁；现在它不再能阻止你——你不再需要他们的认可。

但解决眼前的问题仅仅是个开端。如果继续使用这些工具，你将开始注意到更广泛的变化，这些变化超出了你正在处理的具体问题。就我而言，我感到更快乐，更有动力。随着精力的提升，我对处理日常生活中的压力——对孩子发脾气，与妻子意见不合，为钱财焦虑等——也更有耐心了。在更微妙的层面，我对什么事情有可能发生的信心呈指数级增长。随着实践的增加，我受到鼓舞去写文章写书。最终，菲尔和我开始在各种项目上合作。就好像我的整个生命被打开了，我第一次真正感觉到成功而不是失败。总之，我经历了某种复兴。

不要担心这么多的改变是否有可能立刻发生。弱生命力量是阴险的，它会影响你生活的方方面面，侵蚀着你对可能性的感觉。听起来很难让人相信，但 X 部分把大多数人训练得对自己和生活期望甚低。你习惯了缺乏活力的生活，你和你周围的人都缺乏想象力。但不论你的具体问题是什么，使用这些工具时，你的生命力量会增强，你对可能性的感觉也会随之增强。你不仅能解决你的具体问题，而且所有的障碍都将更容易克服。你将开始体验生活真正的样子——不受限制。

我相信这一点，不是因为我在书本上读到过，或是某位专家这样教我，而是因为我亲身体验过。我没去想它——我活在其中。我坚持不懈地使用这些工具，我的生命力量增强了，我的生活在各个方面都变得更好。这意味着仅仅阅读这些工具是不够的，你必须使用它们。如果你这样做了，你的生活将会改变。

生命力量循环增长

这些工具并不神奇——它们不会消除 X 部分，也不会阻止它在你上山的路上把你推入陷阱。每个曾经使用过这些工具的人，包括我自己，都必须持续地使用它们。从来没有永久的胜利，因为 X 部分总在那里，与你取得的任何进步做斗争。

一些自救大师喜欢描绘出一幅玫瑰色的图景，展示改变是多么容易。他们不想告诉你的真相是，无论你爬得有多高，还是会发现自己掉进了某个陷阱。他们吸引的是你身上懒惰、幼稚的部分，这部分的你想要X部分自己走开——这样你就不必再使用工具来对付它。我们宁愿你知道全部真相，而不只是其中玫瑰色的部分。如果知道自己会掉下去，你就不会纠结于事情到底是如何发生的；相反，你会看到它的本质——一次尽快东山再起的机会。

当我们向病人解释这一点时，他们通常会反驳："难道一次次掉进陷阱再爬出来，就是生活的全部？这看起来毫无意义。"这个问题可以追溯到很久以前。古希腊人在西西弗斯的神话中提出了同样的问题。西西弗斯是一位国王，众神责罚他把一块巨石滚到山上，然后眼睁睁看着它滚下来。他不得不永远重复这个举动。在现代，他的名字已经成为无用功的同义词，他的故事被解读成生活无意义的隐喻——一系列费力、无休无止且徒劳的工作。

我们不同意。一场斗争永无止境——就像与X部分的斗争一样——仅仅这一点并不会使它变得徒劳或无意义。我们大多数人只看到西西弗斯表面上经历了什么——尽管每次都得到相同的结果，他仍旧重复地努力。但在内里，有些非常有意义的事情正在发生：他的力量、耐力、决心——简而言之，他的生命力量——在每一次循环中得到了增长。西西弗斯必须把石头滚到山上才能变得强壮，而众神必须再把石头滚下来，才能让他变得更强壮。没有这种向下的运动，他人格的内在力量就会停滞。

每个人的生活中都有这样的循环——向下，再奋力向上。生命的敌人X部分把你拖下去，每次你使用工具重新站起来时，你的生命力量就会增加。这使X部分在不知不觉中成为你扩展潜力的盟友。它尽力限制你，但它的挑战让你获得更多成长。如果你仔细审视我的故事，以及接下来的章节，你就会发现事情确实如此。X部分把我们推倒了，我们带着更多的生命能量重新振作起来。

什么让我们的人生值得过

迄今为止，我和X部分做斗争已达30年之久。在坠落然后再爬上来这件事上，我是专家，我帮助我的病人在他们的生活中穿越同样的区域。我的生命力量比以往任何时候都强大。处于这个独特的位置，我来描述这怎样改善了我的生活，以及它将如何扩展你的生活。我已经提到了我经历的一些变化：更多的精力和热情，更少的压力和更高的生产力，以及对生活中的各种可能性有更多认知。

但还有更深刻的变化——神秘且出人意料。生命力量改变了我的整个生命形态，影响着我对自己和世界的看法。很难把这些新的经历用语言表达出来，但它们渗透到了我存在的核心。它们关乎每个人自童年起就在努力应对的生活的3个部分：真、美、善。这些对你来说可能是空话——它们最初对我来说就是。但当我的生命力量增强时，它们就具有了更大的意义。它们成了生活中最高和最神圣的理念——值得为之奋不顾身。

真。你可能认为你不会对自己撒谎，但其实你会。我们时常这样做。我们做出决定却不遵守："我要花更多时间和孩子待在一起。”“我要减肥。”“我要和伴侣变得更加亲密。”我们把自身的困境归咎于我们所处的环境，而我们真正缺乏的是意志力。当冲突发生时，我们把注意力集中在对方说了或做了什么上，没有为我们挑起冲突或使情况变得更糟而承担责任。

X 部分喜欢这些谎言——越多越好。每个谎言都是 X 部分在你周围编织的欺骗之网上的一根线，它不仅束缚了你的生活，也摧毁了事情本可以不一样的感觉。

但是，随着你生命力量的增强，有新的东西进入了你的生活：识破自己的谎言的力量。我就是个很好的例子。我变得越强，我的观点越容易改变，我第一次意识到，不断地批评自己实际上是图方便和自私的做法。这给了我痴迷自我的完美借口。我开始意识到，当我对自己如此苛刻时，身边的人都觉得我自恋、孤僻。

面对关于自己的真相并不容易，但这是一种解脱。你可以自由地写一个新的剧本，成为一直渴望成为的那个人，而不是被困在旧剧本里。你会发现自己过着一种更简单、更诚实、更直接的生活——完整的生活。

美。面对关于自己和他人的真相仅仅是个开端。我也开始以不同的方式看待整个世界——以一种从未体验过的方式活着。突然间，我周围的每件事物和每个人似乎都散发出一种内在的优雅。广阔的天空使我感受到我是某种远比我伟大的事物的一部分；一个陌生人亮晶晶的眼睛突然使我与他产生了共鸣；不知为何，一首我已经听了 100 万遍的歌击中了我的心。以前，我体验每件事都是通过一个让世界变得枯燥、平凡的过滤器。现在，过滤器消失了，一切都显得不同寻常，充满活力。

在比你意识到的更高的程度上，X部分训练你将生活视作穿过一系列毫无意义的障碍的单调乏味、没有尽头的长途跋涉。X部分的世界缺乏美和激励人心的力量。但当你的生命力量变得更强时，你开始发现美无处不在——一种活生生的、会呼吸的精神和始终存在的灵感源泉。甚至你之前认为丑陋的东西——垃圾遍地的街道上的霓虹灯，被木板封住的店面——现在似乎从内部被点亮了，这是奇妙创造的一部分。内在的生命力量让你感知到外在的生命力量，你意识到它与所有的现实相交织。

善。当外面的世界用美来轰炸你时，你的内心会产生一种富足的感觉。这就像一天中的每时每刻都被注入了鼓舞人心的能量。我感觉天地如此广阔，充满了我曾经需要的一切，以至于我发现自己想过一种更道德的生活。这听起来很老套，但我想成为一个更好的人——不自私，不计较鸡毛蒜皮的小事。而我所面对的关于自己的残酷事实给了我一种实现它的具体方式。

当你有勇气面对每个人都想否认的真相时——你有一个会伤害你和周围其他人的邪恶的X部分——当你使用工具打败它时，你会变得真正善良。我开始比以往任何时候都更加努力，以达到我最珍视的标准，勇气和耐心，以及最重要的，精神上的慷慨。我的内心似乎产生了一种新的善。

爬上山顶

真、美、善是我熟悉的术语。这些都是宇宙永恒不变的组织原则，古代哲学家称它们为“超验者”。我在大学一年级时研究过它们，但它们对17岁的我毫无意义；我唯一想超越的是自己面对女孩时的笨拙。

即使我当时用心了，也无济于事。在学术界，真、美、善呈现为干巴巴的哲学概念，而非能改变你是谁的真实力量。我越运用工具提升生命力量，这些力量就变得越真实。它们开始带给我一些我从未有过的东西：一种我为比我更伟大的东西而活的感觉。这些理念已经变成了典范——我想尽可能地与它们保持一致。

真、美、善是每个人都可以体验的。你已经捕捉到了它们存在的迹象——每个人都可以。但我们希望你能以一种更连续的方式体验它们的存在。你要做的就是通过尽可能多的循环来提升你的生命力量。每次X部分把你拖下去，你就用工具把自己再拉上来。每完成一个循环，你的生命力量就会增长。最终，你的整个存在升至一个领域，在那里，真、美、善变成了让你充分活着的力量。你知道你为什么出生，你肩负着不可否认的使命感。你的灵魂在这个宇宙中找到了它真正的位置。

30年前，我开始使用这些工具来解决自己的问题。出于同样的原因，我仍然在使用它们。但现在有一个更有力的理由：它们让我与真、美、善的力量保持联系——让它们经由我流向我周围的人。

现在你已经拥有了学习这些工具并开始使用它们所需的一切。你知道你的敌人是谁，也熟悉它的战术。你知道如何实时识别它。最重要的是，你知道什么是危险的，什么是可能的。后面的工具是武器，这些武器让其他许多人得以成功对抗X部分，并使他们的潜力提升至最高。它们也会帮助你达到这样的成就。

就是这样。没有借口，没理由拖延。无论你多么富有或是贫穷，圆满或是一团糟，你认为你的人生多好或多惨，都没关系。使用这些工具，你会变得更强大。

你已经准备好爬山了——我们很荣幸能助你登顶。

工具使用指南

工具是什么？工具是实践，是缩短洞察力与行动之距离的简单技术。随着时间的推移，使用它们可以让你发挥自身潜力。每当发现自己陷入困境时，你就会使用工具；如果每次被困住的时候都使用它，你将释放你的潜力。工具帮助你跨越门槛，成为你觉得自己可以成为的那个人。

很可能你已经在生活中使用了某种形式的工具。有些人用冥想或吟诵来诱导一种放松和清明的精神状态。另一些人则用想象来增加他们在生活中实现目标的机会。这些技术和你将要学习的工具之间的一个区别是，我们教授的工具非常快捷——使用它们花不了 10 秒。这很重要，因为与冥想和想象不同，你会在遇到问题的当下使用它们：美味的甜点在召唤你，你必须抵制；老板拒绝了你喜欢的项目，你必须攻克难关，想出新点子；家中那位青少年让你抓狂，你想缓和局势；等等。

我们将带你逐步了解每个工具。我们会为你提供“线索”，告诉你何时使用某个工具——生活中那些经常使你屈服于X部分的情境。在开始之前，有一条建议：当我们的病人第一次学习一个工具时，他们常常会担心使用不当。他们脑海中有一幅“应该”是什么感觉的画面，如果它没出现，他们就放弃了。请不要过多地考虑学习这些工具的过程。只要把这个工具念上几遍，然后尽可能多地使用它。如果你想让自己更轻松，就把这些工具录在电子设备上，这样你不用读它们也能练习了。

学习使用工具需要行动，而不是思考。不要分析你是否做对了，或者它们是否有效。一开始，你可能会感觉它们毫无作用。如果你只是一次又一次地使用它们，它们会把你与你的生命力量相连，以你认为永不可能的方式扩展你的世界。

03

工具：黑色太阳

巴里解释了“黑色太阳”如何帮助你抵制冲动，比如暴饮暴食、酗酒、上网、浏览社交媒体、熬夜、买不需要的东西、给前任打电话或发短信等。

在结束介绍之前，你永远不知道你的新病人会是什么样。当苏珊和马蒂走进我的办公室开始第一次治疗时，我觉得他们是一对谦恭有礼的夫妇，真心想帮助他们在衣物上挥霍无度的 16 岁女儿阿什莉。这听起来像是一个简单的案例——我利用几次疗程向他们展示该如何给她设定限制。但在开始后 5 分钟内，我意识到问题比我想象的要严重得多——就像与野兽同笼。

苏珊开始发言。她看着丈夫说："我向阿什莉承诺过不会告诉别人她干了些什么。"

马蒂的声音越来越高，回应道："哦，太好了！我们来这里是为了得到医生的指导，你甚至都不想告诉他出了什么问题。"他转向我，补充道："医生，你看，总是这样。我想解决家庭问题，但她只想隐藏问题。"

苏珊用刺耳的语调反驳道："解决问题？你才是问题所在。你觉得我为什么要答应阿什莉，不告诉你她偷了我钱包里的钱？"

马蒂额头上的青筋暴起。"该死的！"他气急败坏地说道，

“我们的女儿就要变成罪犯了，你却对我保密？这就是为什么我们家会集体失控！”

“看我说了什么吧，”苏珊平静地笑了笑，“你才是那个失控的人，你发脾气只是个开端。你以为我不知道你在上学日的晚上11点离家是去了哪里吗？你绝对不是在熬夜工作！”苏珊转向我，她的脸因厌恶而扭曲。“他说不想要任何秘密，但他每晚都去俱乐部玩牌，把我们毕生的积蓄都输光了。”

她得意地靠在椅背上。马蒂陷入了沉默，但那是一条把身体蜷成圈的蛇的沉默。过了一会儿，他反击道：“那你11点的时候在做什么？从冰箱里拽出一大桶冰激凌！真令人恶心。我开始赌博之后就不用每天晚上看你往嘴里塞东西了。”

在我有机会开口之前，苏珊和马蒂已经完成了一场相当精彩的表演。从某种意义上说，这些激烈争论是有用的；它们证明了这个问题远远超出了阿什莉的范围。这个家庭里没人知道该怎样控制自己。苏珊在饮食上没有节制。马蒂嗜赌，脾气火暴。阿什莉是个购物狂兼初露头角的小偷。这个家庭里还有一位成员：14岁的查德。我希望他的情况比家里其他人好。

现在，他们所有的问题都摆在了台面上，马蒂和苏珊看着我，都希望我能站在他们一边。但我对他们两人都挺失望的。“你们俩总是这样争吵，是不是？你们知道我是怎么知道的吗？”他俩都看着地板。“你们俩都没有自制力。赌博，暴饮暴食，不断地相互指责。如果你们的女儿每天都看到你们俩屈服于自己最糟糕的冲动，她为什么要控制自己的消费欲呢？”

马蒂露出怀疑的神色。“你是说阿什莉的问题是我们的错吗？”

“不是。就算你们是世界上最好的家长，你们的孩子仍然会做傻事。但你们如果不能克制自己，怎么能教会阿什莉自律呢？”

事情进展得并不顺利。苏珊开始哭，马蒂则面无表情。他几次试图为自己的赌博行为辩护（“不是每晚都赌”“这是我从这个不正常的家庭中解脱出来的唯一方式”），但很快意识到我并不买账。治疗结束时，苏珊转向丈夫，说道：“以前从来没有人对我们这么直言不讳。我想我们下周应该再来，马蒂……就像我们说好的那样。”但我看得出来，马蒂在数再过几分钟可以离开我的办公室。

他们慢吞吞地走出去后，我坐了一会儿，心怦怦直跳。我感觉整个会面过程都失控了——就像试图用集体糖果大作战的方式把一群学龄前儿童圈起来。

马蒂和苏珊并没有积极地寻找解决方案，而是享受伤害彼此的快感。他们来诊疗室里寻求帮助，但内心深处的某个东西却在拒绝这种帮助。

这种任性、充满敌意、毫无成效的治疗过程，无疑是 X 部分入侵我办公室的迹象。马蒂和苏珊之间的争吵只是冰山一角。X 部分已经彻底接管了他们的生活，用即时满足诱惑着他们（以及他们的女儿）。马蒂喜欢快速见效的行动，苏珊喜欢吃快餐，阿什莉喜欢赚快钱。

问题：冲动

在我们这个社会中，几乎每个人都体验过某种他们无法控制的冲动。你可能会强迫性地更新你的脸书页面，买一些你不需要的东西，在开车时对别人竖中指，或者即使已经超出了你的极限也要“多喝一杯”。当听到手机提示有邮件或短信来了，我感觉自己就像巴甫洛夫的狗——我必须极力抑制想看手机的冲动，即使我正在做一件需要全神贯注的事情。

我们都有借口。“那只是暂时中断。”“我理应受到奖励。”“明天我一定改过自新。”但通过屈服于这些借口，你实际上是在自我摧毁。

“摧毁”也许听起来刺耳。一次小小的失误——不在你食谱上的甜点，超出上限的消费，在该工作时看优兔（You Tube）视频——不会毁了你的生活。但这恰恰是X部分的狡猾之处。通过让你屈服于一个接一个“无害”的冲动，X部分创造出了更危险的东西——一种自我放纵的生活方式。

自我放纵的代价

这种生活方式的代价是巨大的：它会毁了你的未来。无论你未来想创造什么，都需要延迟对现在的满足。假设你的梦想是升职。要实现它，你可能需要采取很多步骤，比如说，与能够帮助你的上级培养关系，去夜校学习必备的技能，或者在当前的项目上投入额外的时间，以便在时机成熟时把自己推销出去。每走一步，你都有可能被诱惑去和朋友出去喝酒，看最喜欢的电视节目或是去购物。但只有抵制住这些冲动，你才有机会实现你的梦想。

无论你想要创造什么，这都是真的。花几个小时漫无目的地上网冲浪的作家没有时间或灵感来写作。沉溺于色情作品的丈夫会对与妻子的亲密关系失去兴趣。家庭成员在餐桌上总是盯着手机，会丧失与他人进行有意义的互动的能力。

自我放纵会耗尽你从生活中得到想要的东西所需的能量。X部分的策略的狡猾之处在于，它会一点一滴地把你榨干——循序渐进，你甚至都没意识到。在历史上，这一过程被视为魔鬼在扮演“引诱者”时的工作。他用无关紧要的小快乐来诱惑你，耐心地等待你一次又一次屈服。渐渐地，你失去了抗拒诱惑的意志力。最终，你付出了沉重的代价：想要实现你的人生目标已经太迟了。

马蒂和苏珊的关系正是这一过程发挥作用的一个好例子。他们无法抗拒用毒辣的反驳来争上风，这剥夺了他们讨论女儿消费问题的能力，更别说解决问题了。

幸运的是，在那次会面结束一个月后，一个电话打来，用他们儿子的成绩单给他们敲响了警钟。查德在读十年级，一向是全优生，但在过去几个月里，他一直在荒废学业，把所有时间都浪费在玩电子游戏上。现在他把C和D的成绩带回了家。

这就像给家里扔了颗炸弹，尤其是对马蒂来说。当马蒂开始他的股票经纪人生涯时，他对成为一名显要人物抱有很高的期望。

这从未实现，部分是因为他的脾气让很多人疏远了他。当他意识到查德是多么聪明和有抱负的时候，他开始培养他，每晚都就自律的重要性发表长篇大论。现在，他看到儿子偏离了通往金色未来的道路，决心阻止此事。但查德似乎不再听从。

马蒂绝望的表现之一就是放下自尊联系了我。直觉告诉我，如果苏珊和马蒂一起来，那将会变成另一场混战，所以我建议他们让马蒂每周单独来一次。我经常发现，如果我能训练家庭成员之一练习自我控制，整个家庭就会更愿意接受这件事。

马蒂当然很积极。“医生，我知道我毁了自己的事业，但我不能眼睁睁看着他也这样。从这个阶段起，他的分数对上大学来说真的很重要。”他靠过来，语气急切，几乎是在恳求，“我们必须尽快行动，在年终成绩单毁掉他的未来之前扭转局面。”

“问题就在这里。”我说。

他看起来很困惑。

“现在迫切需要解决查德的问题！”

他看起来还是很困惑。

“我给你解释一下。查德从学校回家后的第一个冲动就是逃进一个虚拟的世界。你想让他控制住那种冲动，把作业完成。那意味着他必须容忍挫折，对不对？”

马蒂点点头。

“实话实说，你如何评价自己对挫折的容忍度？当你今晚回家发现查德在玩电子游戏而不是做作业时，你会克制自己吗？不。你会崩溃并对他大吼大叫。他为什么要听你的？你在要求他做一些你自己都做不到的事情。就这点而言，为什么家里人要听你的？”

马蒂看起来受到了打击。这是他第一次意识到每个人都为他的缺乏自控付出了代价。没有领导者，没有组织，没有对未来的期许，他的家庭就像一辆无人驾驶的巴士，失控地横冲直撞；他的孩子们没人可以视为榜样。马蒂远非“问题解决者”，只不过是另一个在巴士后排惊声尖叫的婴儿——事实上，他是叫得最大声的那个。苏珊并不比她丈夫好多少；她对女儿的偷窃问题的处理办法就是隐瞒，然后用食物来缓解她的焦虑。她和家里其他人一样失控。

马蒂和苏珊不顾家人付出的沉重代价继续沉沦，这种事起初可能会令你震惊。但你已经见识过有些人甚至付出了更大的代价。几乎每周都会有政客、体育明星、商界领袖或宗教人士被曝光——他们在我们的文化中拥有最受尊敬、最令人垂涎的位置，却因为无法控制自己的欲望而一败涂地。不管目睹了多少次，我们不可能不好奇他们究竟在想什么。他们怎么可能没意识到，他们正在把自己的全部未来置于危险之中？

答案很简单：他们处于一种异常的意识状态中。正常意识的一个标志是，你能预料到自己行为的后果。要做到这一点，你必须同时意识到自己正在做什么，以及它可能对你的未来造成什么影响。“我赶时间，但如果我突然冲到街上，可能会被车撞倒。”

但如果 X 部分让你强烈地渴望某样东西，以至于你唯一的关注点就是得到它呢？在那一刻，你的冲动变得极为强烈，完全遮住了对行为后果的意识。

瘾君子就是一个极端的例子。当需要解决问题时，他愿意赌上自己全部的未来：不去上班，忽视孩子，偷父母的东西。这些行为的后果对他来说是不真实的。你可能会告诉自己：“我不是瘾君子。我永远不会如此堕落。”我们希望这是真的，但我们都与瘾君子有一些共同之处：我们的渴望使我们处于一种异常的意识状态，使我们看不到行为的后果。

为了让自己摆脱这种异常的意识状态，你必须知道自己什么时候身处其中。我们想教你如何识别它。这个练习会对你有帮助。

> 选一个你通常会屈服的冲动。它可能是吃糖果，开车时回短信，按下闹铃再睡会儿，在网上买不需要的东西，寂寞时给前男友打电话，或者其他任何你能想到的事情。现在就挑一个吧。
>
> 感受一下你有多想要你选择的东西。
>
> 把你对它的渴望变得更强烈些，就像你必须拥有它，没它你就完蛋了一样。
>
> 最终，你的整个生命都充斥着无法满足的渴望；它是如此强烈，以至于其他事物都消失了。

你刚刚体验了X部分怎样让你产生强烈的冲动，使你对行为的后果视而不见。而在现实生活中（与练习相反），X部分会让这些冲动疾风骤雨般将你淹没，你甚至意识不到你正处于一种异常的意识状态。

即使你意识到了，光靠这一点也不够。你必须主动克制自己。你必须在你感受到强烈的冲动时这样做。每次想对别人大喊大叫时，马蒂都得闭嘴。每次想吃冰激凌时，苏珊就得从冰箱旁走开。每次想偷钱时，阿什莉都得管住她的手。每次电子游戏在召唤时，查德就得转身去做家庭作业。

使我们自我放纵的谎言

不幸的是，这种自我克制是非常罕见的。我们的文化已经从自我牺牲和自我约束转变为纯粹的、无拘无束的自我放纵。每一天，我们都被敦促我们满足欲望的广告狂轰滥炸："渴望就是一切。服从你的渴望。""想做就做。""当然不能只吃一个。"

这些信息影响了我们，但它们不能夺走我们抵制的意愿。一定有别的什么——内在的东西——使我们容易受到它们的影响。体验它的最好方法是观察，当你试着抑制你的欲望时发生了什么。试试这个：

> 让自己处于上次练习中体验过的渴望状态，感受无法满足的渴望驱使你去获得想要的任何东西。
>
> 现在想象一下，克制住，不让自己得到想要的东西。
>
> 注意你的反应：被剥夺了无比渴望的东西是什么感觉？

你可能会觉得悲伤、焦虑、沮丧或是生气。但无论你的感受如何，只要想到自己被剥夺了想要的东西，引起的痛苦程度会让大多数人都感到震惊。

这令人惊讶，因为从逻辑上讲，你知道你能挺过去。阻止自己兴奋起来，不吃额外的蛋糕，不上网购物，这些会带来暂时的伤害，但疼痛将会消失。用不了多久，你就会继续前进，甚至忘记你曾经想要它。那么，为什么自我否定的那一刻会让你如此痛苦呢？

答案是：X 部分让你相信了一个谎言——被剥夺是不可忍受的。你根本过不去。这不是你能意识到的谎言。但是请记住，X 部分只在暗处工作，你可以用逻辑来对抗它。它在你的潜意识中控制着你。在那个层面，X 部分使你确信，被剥夺等同于某种死亡——你永远无法从中恢复。

如果你不相信这些，可以看看一个小孩被告知不能得到想要的东西会怎样。那可能是一个玩具，一杯含糖饮料，又一次骑在你背上，或者其他东西。他会立刻被强烈的悲伤和焦虑淹没。在内心深处，他认为这种损失是无法弥补的。

当你看到一个孩子因为不能收看最喜欢的电视节目而歇斯底里时，你很容易维持那个观点：你知道他会挺过来，最终归于平静。但当你就是那个被剥夺的人时，就没那么容易了。如果你诚实地告诉自己克制自我有多难，你就会承认，在大多数情况下，是 X 部分，而不是理性思维，在控制你对被剥夺这件事的态度。它的策略是让你的冲动践踏你的逻辑，让你觉得如果得不到想要的东西就会死。这就是你不假思索就屈服的原因。

你甚至都没有意识到被剥夺等于死亡这则谎言，你如何与之抗争？

你必须采取一种不同的观点来看待剥夺。它不是你想的那样。被剥夺某些东西并不是永久的终点，永远无法恢复的死亡。恰恰相反。被剥夺是通往更多生命力的大门。你不但能忍受它，它还能引导你活得比你之前所能想象的更充实。一旦你能挺过去，剥夺就会将你从冲动的奴役中解放出来。

但仅仅相信这一点是不够的，你必须体验它。这需要转移注意力。我们通常会把注意力放在自身之外，放在我们被剥夺的东西上：性、一件珠宝、“最后一手”扑克等。即使能够拒绝自己想要的东西，我们仍然会关注它，希望能拥有它，并感觉被剥夺了它。这让我们专注于外在世界。

如果有某种我们渴望的外在的东西能让我们感觉更完整，那意味着我们的内心一定有所缺失——不完整或空虚。如果我们忘记了在外在世界想要的东西会怎样？如果我们把外在世界作为一个整体抛诸脑后，把注意力转向内心的空虚，结果又会怎样呢？

什么是空虚，为什么我们对它了解不多？因为 X 部分让我们相信，审视空虚，甚至承认它，意味着我们将被它吞噬。最好是不断地用外界的东西来填满它。但最终都不管用。空虚总是在那里，折磨着我们的内心。

为了让自己从渴望中解脱出来，你必须尝试一些不一样的东西：抑制逃避的冲动，平静地看向空虚。你的确对它一无所知（一生都在回避它），所以得对它保持中立。你可能会感到惊讶。事实上，当你耐心地凝视内心的深渊时，你开始感觉到一些你从未预料过的事情。这个貌似黑暗、贫瘠、死气沉沉的地方充满了生机。它就像一个孕育着潜力的子宫。

不要试图从逻辑上理解这一点，看看你能否亲身体验它。试试下面的练习：

> 把自己置于和上次练习中一样的被剥夺状态：你非常想要某样东西，却被阻止了。让被剥夺的感觉尽可能地强烈。
>
> 现在放下你想要的东西。完全忘掉它。当你这样做的时候，想象整个外在世界也消失了；它不再是你满足感的源泉。
>
> 审视你的内心。曾经的被剥夺感现在变成了大而空的空间。
>
> 面对它。保持冷静和完全静止。专注于这方空虚，看看会发生什么。

我们的大多数病人在做这个练习时，开始感觉到一种萌动，空虚中的一种运动，好像下面有什么东西一样。一些人不得不重复这个练习，直到空虚显现出它真实的性质。但最终，无变成了某种东西。

这种东西就是你的生命力量——一种无限、充实、光明的事物，它包含了你度过有意义的一生所需的一切。这听起来像是奇迹。空虚怎么能转化为充实？人类过去常常对此有一个直观的理解。神秘的犹太卡巴拉传统教导我们，上帝在宇宙被创造出来之前是无处不在的。为了给宇宙存在的空间，上帝不得不收缩，留下一方空虚。在那片虚无中，所有创造物充分发挥了它们的潜力。

同样地，印度教传统中的“湿婆”是无形的虚空，同时也是诞生万物的子宫。

这些不同传统所描述的宇宙过程也发生在每个人内心：你的潜力的种子可以在内在的空虚中开出花朵。

马蒂不关心印度教或犹太神秘主义——他只关心儿子。为了对查德产生积极的影响，马蒂必须控制自己的脾气。那意味着他将不得不面对自己的空虚，并找到一种填补它的方法。

对马蒂和我们所有人来说，这都需要一个工具。

工具：黑色太阳

当X部分用任何自拆台脚的冲动——去拿冰激凌或薯片，查看电子邮件，发脾气等——淹没你时，使用这个工具。反复使用该工具能训练你停止向这些冲动屈服，转向内在。在那里你会发现一种意想不到的富足感。随着时间的推移，通过从内心填满自己，你与外在世界的整个关系将会发生变化：你将有能力给这个世界带来而不是设法从中获取一些东西。

第一次使用这个工具，利用你在本章前面用过的同样的欲望来重现被剥夺的感觉。一旦你因没得到想要的东西而感到痛苦，就慢慢走完下面的步骤，每一步都花些时间。你可能会想用手机或数码录音机记录下这些步骤，在每一步之间留出些时间。然后，闭上眼睛听录音。

黑色太阳

剥夺： 尽可能强烈地感受得不到自己想要的东西时的被剥夺感。然后对你想要的东西放手。忘记外面的世界，任其消失。

空虚： 审视你的内心。起初的被剥夺感现在只剩无尽的空虚。面对它。保持平静。

充实： 想象一轮“黑色太阳”从空虚的深处升起，由内向外膨胀，直到你拥有了它的温暖和无限的能量。

给予： 将你的注意力重新转向外面的世界。“黑色太阳”的能量会从你身上喷涌而出。进入这个世界时，它会变成一束纯净的、象征着无穷给予的白光。

这个工具可以把你从 X 部分最强大的武器之一，也就是你的冲动中解放出来。让我们一步一步地过一遍，这样你就能确切地理解它是如何起作用的。

最初的自我约束的行动至关重要。它让你体验了被剥夺，这是学会如何容忍它的第一步。但如果你就此打住，X 部分会让你把注意力集中在你想要的东西上。你会被困住——想要它，同时感觉被剥夺了它。12 步项目[①]将其描述为“难受到握紧了拳头”——你在与你的冲动做斗争，却并不自知，更不用说去填补

① 12 步项目基于一套指导原则来帮助各种具有上瘾、强迫行为和精神健康问题的人员康复。该项目最初由匿名戒酒互助社组织发起。——译者注

内心的空洞了。炼狱就是沉溺于你想要的东西的地狱；你克制了自我，但内心依然空虚。

要上天堂，你必须走得更远，放弃具体想要的东西。不仅如此，你还必须彻底远离外在的世界，别期待那里会有任何能充实你的东西。

一旦离开了外在世界，你不会再专注于具体想要的事物，所以也不再会觉得被剥夺了那些。相反，你的内心只有一片巨大的空虚。过去，你已经逃离了这种空虚。这一次，你要面对它。如果你有耐心且冷静，它就会揭开自身的秘密：它远非空虚，而是一个无限丰富的空间。生命力量将通过这片空虚进入你。

但是，无形、分散的生命力量在某种意义上是不可知的。因此，历史上的文明都为它找到了特定的符号。这些符号有助于我们理解，更重要的是，体验生命力量。“黑色太阳”是其中第一个，但随着你学习更多的工具，你还会发现其他符号。你的潜意识已经知道了这些符号——它们埋藏于每个人内心——所以当看到其中任何一个符号时，你会发现你能在需要它们的时候接入这些隐藏的资源。

如果你看过日食，“黑色太阳”看起来应该很像“全食”发生时的样子，月亮经过太阳面前，把它遮住了。这幅画面乍看可能很奇怪，但解释起来却很简单。你生来就带有一颗明亮而强大的太阳；婴幼儿时，你被爱的光芒填满，对于外在世界只有模糊的意识。但要想茁壮成长，人类需要学会如何在外在世界满足自己的身体需求；这是童年的任务。X 部分利用了这一点，在我们的文化的帮助下，让你相信外在世界不仅能满足你的物质需求，也能满足你的精神需求。你离内心的太阳越来越远。就像曾经深受宠爱的毛绒玩具现在被扔在壁橱的黑暗角落里那样，你的太阳沉入黑暗，留下一片空虚。

这个工具所做的正是逆转该过程。它将你的注意力从外在世界引开——你放弃它作为充实感的来源。你转向内心，关注那片黑暗的空虚。对很多人来说，这是他们第一次说："我好奇自己的内在世界。"在那一刻，太阳以再次升起作为回应。太阳是黑色的，这似乎很奇怪。但这黑色提醒你，你试图满足自己在外在世界的所有需求，不知不觉中，你内在的太阳变得暗淡，是你允许外在世界遮掩了它的光芒。

当"黑色太阳"升起时，它让你的整个生命充满无限的温暖。它让你完全充实，使你可以停止对外在事物的渴望。当回到外在

世界时，你会很自然地发现“黑色太阳”的能量从你身上溢出至这个世界。这是因为“黑色太阳”的能量是可以无限扩张的，它不会被任何人或事物遏制。当进入这个世界时，它显示出它真实的本性——一束纯净的、象征着无穷给予的白光。日食结束了，太阳不受欲望的遮掩，再次明亮地照耀着。

如果你观察一下这个工具的整体弧线，你就会看出它真正的目的：它要反转你的能量的方向。我们耗费一生中大部分时间努力吸纳东西，因为X部分欺骗我们说这些东西能让我们感到充实。这个工具将会使之反转。它让你释放东西，而不是吸纳它们。这揭示了，针对我们无休止地渴望获得更多东西这一点，唯一真正的解决方案是，给予更多。12步项目的成员通过服务他人将这一原则付诸行动。他们渴望给予他人帮助，因为这有助于他们克制自己的欲望。如果你每次渴望某样东西时都使用“黑色太阳”这个工具，你将会体验到这些团体中大多数成员所体验到的：你给予越多，就越满足。

这是人类最大的谜团之一：为什么付出会让你更完整？这似乎是矛盾的，因为我们习惯了在一个有限的世界中生活。在这个世界，如果我有10美元，给你5美元后，我就只剩下5美元了。你得我失。但是内在世界——“黑色太阳”的世界——是无限的。如果我内在有一种无限的资源，我给你越多，它被激活的程度也越高——我们双赢。

怎样以及何时使用“黑色太阳”

一旦你理解了这个工具的深层含义，我们希望你开始在现实生活中使用它。如果你在学一首新的钢琴曲，你得一遍又一遍地练习。工具亦如是。练习“黑色太阳”，直到你可以毫不费力地想起它。（我们给这个工具的每一步都起了名字，帮助你快速记住它：剥夺、空虚、充实、给予。）在最初几次练习中，你不得不缓慢地完成每个步骤，但很快你就会达到在 10 秒内快速走完全程的水准。这个节奏很重要。通常，你将在繁忙的一天中使用这个工具。如果花的时间太长，你根本就不会去用它。

同样，不要从最难控制的冲动开始。如果你暴饮暴食，在吃自助餐之前试图练习这个工具是注定要失败的。相反，从一些小的诱惑开始，或者想象一个你在接下来 24 小时内可能得面对的诱惑。自我控制就像一块肌肉，如果利用比较小的诱惑来锻炼它，最终你在应对大的诱惑时会从容得多。

一旦你学会了怎样使用这个工具，问题就变成了该何时使用它。本书中提到的 4 个工具，每一个都有一组易于识别的需要使用它的时刻。我们称之为“提示”，就像提示演员说台词的那种提示。每次你识别出一条提示，就立即使用该工具。

对于“黑色太阳”这个工具，最明显的提示发生在你感受到想做某事的冲动的那一刻。你想去看可爱小猫的视频而不是去工作。你想要以一种会引发争吵的方式对某人做出回应。你忍不住想贬低自己。当你识别出其中任何一条提示时，你得立即使用“黑色太阳”，这很重要。冲动获得动力的速度非常快，所以你越快使用这个工具，就越有效。

速度之所以重要还有另一个原因：这样做留给你思考的时间更短。思考并不能帮你控制冲动；事实上，你会发现，你越努力想办法摆脱冲动，X 部分就会抛出更多理由，解释为什么你该得到自己想要的东西。“仅此一次无伤大雅。”“你度过了艰难的一天，这是你应得的。”“你今天已经搞砸了，明天再开始尝试吧。”诸如此类。只有一种东西能帮助你抵制冲动，而那并不是思考。它是升起的“黑色太阳”用来充满你的力量。

还有另一个应使用“黑色太阳”的提示，但它更微妙，需要更多努力来识别。在现实生活的大部分时间里，我们不会真正纵容自己的冲动；相反，我们期待着不得不屈服的那一刻。瘾君子在工作日幻想着一回到家就可以点上一根大麻。作家会向自己承诺，一完成那项艰巨的任务，就可以看色情片。十几岁的女孩靠想象放学后要买的衣服来熬过无聊的课程。

每当你沉溺于这些幻想，你就更有可能在未来依自己的冲动行事。在某种程度上，每个幻想都是对即将到来的快乐的一次小预演——一则为自我放纵而自行发明的“宣传片”。

一旦你意识到自己陷入了这些自我满足的幻想之中，就赶紧使用“黑色太阳”。这里的使用方法与之前略有不同。你是在用它约束你的想法，而不是你的行为。当瘾君子因工作压力大而开始幻想着要嗨起来时，当作家因抗拒任务开始想象色情奖励时，当孩子在学校里感到无聊，开始做关于裙子的白日梦时，他们都该使用这个工具。

无论你是用“黑色太阳”来抑制现在做某事的冲动，还是将来向它屈服的幻想，如果你不得不多次使用这个工具，不要觉得自己是个失败者。记住，X 部分不会轻易投降。反复使用这个工具，直到冲动或幻想消失。即使 X 部分在这里或那里赢得了一场战斗，你也已经证明了你永远不会让它不战而胜。

现实生活中的“黑色太阳”

对马蒂来说，查德沉迷于电子游戏这件事给了他极大的动力去说服自己。我在第一次会面时见到的那个咆哮的恶霸现在痛苦地意识到，他是一个多么糟糕的榜样。如果他想学会控制脾气，就必须接受：每当他想对别人发火时，他就得用工具来阻止自己。

从教他“黑色太阳”那一刻起，我就看出马蒂对使用工具这一整个主意持怀疑态度。“医生，我不知道……我曾经有个女朋友，她认为可以靠想象停车位来找到它们。每次我们绕着街区找车位时，我都会取笑她。”

“你是取笑她还是对她大喊大叫？”我问。他脸红了。“说真的，马蒂，你并不是一个擅于自控的专家，所以不要假装你知道什么有用。我知道这个工具听起来很奇怪，但至少尝试一下，看看会发生什么。”

幸运的是，他绝望至极，不得不试试运气。

他没有失望。一旦有想把怒气发泄到别人身上的冲动，他就使用“黑色太阳”。你可以想象，他不得不经常使用它——堵车的时候，他的助手把一通电话搞砸的时候，在星巴克排队的时候，等等。它并不总是奏效，尤其是在刚开始的时候。但我预先告诫过他，要忽略不可避免的失败，继续前进。他和儿子的关系岌岌可危，他别无选择。

然后发生了一件前所未有的事。苏珊和阿什莉吵了一架，他没有参与。苏珊发现钱包里的钱不见了，就立刻指控女儿偷窃。阿什莉说，那天下午妈妈把钱付给了管道工。她的原话是："妈妈，你真的老了。"当家庭陷入混乱时，马蒂像往常那样想用大发脾气来结束一切。但他一遍又一遍地使用"黑色太阳"。"真是太奇怪了。尽管她俩互相大喊大叫，我依旧心平气和。"

然后他注意到查德偷偷溜回了自己房间。"我又试着用了几次工具，但老是忍不住去想他在房间里做什么。我跟了过去，果然，他正在玩平板电脑。"马蒂想知道第二天有微积分学前课考试的查德究竟在玩什么鬼游戏。

查德回答："爸爸……你不是有个牌局吗？再不走就要迟到了。"

不用说，马蒂勃然大怒。这种模式——进步，然后坠回恶习——非常普遍。当你开始训练自己的时候，就该有所预料。你会向前迈出一步，就像马蒂那样不介入妻子与女儿的争吵，然后你会退后一步。如果你还记得 X 部分永不放弃，那么这种模式就是有意义的。当你在一定程度上控制住了自己最糟糕的冲动，X 部分会更加努力地用新的冲动把你淹没。

现在，由于查德的不尊重，X 部分给了马蒂一个停止使用"黑色太阳"的新借口。"你能相信吗？他竟然用那种口气对我说话！"马蒂十分恼火，"我绝对不能容忍那种不尊重。如果我以前那样跟我父亲说话，他一定会穿过房间给我一耳光！"

"是吗？那在教你控制自己方面，他的做法效果如何？"马蒂吃了一惊。“说真的，你在对待妻子和女儿上做得很好。这是一个巨大的突破。但如果你想让查德学会自我控制，你就得做一些你父亲没有做过的事——和他一起控制自己。”

我希望马蒂能够坚持到底，学会在任何挑衅面前都能控制自己。所以，我决定利用他对查德犯的错，把它变成一个学习的机会。我让马蒂闭上眼睛，尽可能生动地回忆起查德傲慢无礼的行为，就好像它正在发生一样。当他重新体验查德的傲慢时，他握紧了拳头，脸涨得通红。

“很好。”我说，“现在使用‘黑色太阳’。需要用多少次就用多少次，直到你冷静下来。”渐渐地，我看到他的怒气消了。睁开眼睛时，他的呼吸变慢了，他看起来很平静。

每当你因屈服于某种冲动而犯错误时，你就应该试试这么做。比如，你偷偷多吃了一块蛋糕，回避与某人对质，在工作中途开始给朋友发短信。这些错误是事后学习自我约束的良机。你要做的就是，一边在脑海中回顾一边使用工具。你越这样做，就越有力量抵制下一个要面对的诱惑。

但马蒂仍然很担心儿子。“听着，我知道。无论我做什么，都不能是出于愤怒。但与此同时，我儿子开始上瘾了。如果我不在他身边，谁能阻止他？”

“没人能阻止他。查德会在你的帮助下选择停下来的。但我们还没有到那个阶段，除非他尊重你，否则他不会接受你的帮助，这意味着你必须成为自我控制的榜样。所以你猜怎么着？我想让你扩大使用工具的范围。他显然知道你的赌博问题，所以，现在我希望你不仅在想发脾气的时候使用这个工具，在有赌博冲动时也要用。”

马蒂瞪了我一眼，作为心理医生，我已经习惯了：他恨我，但他知道我是对的。他不相信查德会愿意接受他的帮助，但还是决定试一试。在想发火和想去赌博的时候，他不断地使用“黑色太阳”。几周之后，奇迹发生了。查德经过马蒂卧室时，多看了两眼——爸爸没去纸牌俱乐部，反而在床上看书。查德不由得朝爸爸笑了笑。马蒂在接下来那次治疗中告诉我：“这是几个月来他第一次对我微笑！”

在我严厉的命令下，马蒂继续搁置他的反电子游戏运动，并试着倾听查德的心声。渐渐地，儿子向他敞开了心扉。他告诉马蒂，他放弃学业是因为，不管他做得有多好，爸爸总是会为一些事情对他大吼大叫。电子游戏最初只是他用来屏蔽家里的争吵的一种方法，但很快就成了习惯。最后，两人达成了妥协：查德可以在做完作业后玩一小时电子游戏。

结果好得超出了所有人的预期。查德学会了如何控制自暴自弃的冲动。马蒂也意识到，当他安静下来，控制欲没那么强的时候，他可以对周围每个人都产生好的影响。

但生活总会带来新的挑战。随着马蒂和查德的关系越来越好，苏珊的情况却在以另一种方式发展。她的深夜狂欢彻底失控了。值得赞扬的是，马蒂对“黑色太阳”产生了极大的信任，克制住了指责她的冲动。这完全不符合他的性格，过去他总是随时朝她开火。当苏珊开始反思这一变化，想到如今马蒂看上去是多么心满意足，她设想了最坏的情况。一天晚上，她哭着冲进卧室。“你是不是出轨了？”

马蒂目瞪口呆。他从来没在家里待过这么长时间。他想为自己辩护，但他使用了“黑色太阳”。他深深地吸了一口气，温柔地问她发生了什么事。苏珊坦承，他的变化让她感受到了威胁。“你看起来自信多了。你为什么愿意和我这样的胖子在一起？”

马蒂安慰说，不管她的体重如何，他都爱她。“但是我讨厌看到你这么自暴自弃。心理医生教给我一个控制脾气的工具。也许你该在想吃东西的时候使用它。”令他俩都感到吃惊的是，苏珊很乐意。他花了 5 分钟教她使用“黑色太阳”。那天晚上，她成功地从还没吃完的一加仑冰激凌前走开了。她有 100 多万个关于“黑色太阳”的问题，但马蒂坚持要她和我约个时间。“对我来说，说服除我以外的任何人都是危险的。”

当苏珊来到我的办公室时，她想谈的第一件事就是马蒂身上发生的巨大改变。“你确定没有用一个和我丈夫长得很像但少了生气基因的人来代替他吗？他怎么会变得比以前自信这么多？”

自我克制看起来似乎不会增加你的自信，但它确实会。想想看：如果你屈服于脑海中浮现的每一个冲动，你的生活将会是什么样子？你依赖的东西摇摇欲坠，你知道自己的生活随时可能脱离轨道。你对自己许下的承诺是靠不住的。这会摧毁你对自己的信心。相反，当你能约束自己时，你而非你的冲动握住了方向盘。你的选择你做主。这让你拥有了自信，你生活中最重要的东西不会因为你一时的心血来潮或者突如其来的冲动而毁掉。

但对苏珊影响最大的是马蒂新获得的平静。“过去我一直处于高度戒备的状态，就像生活在战区一样，要为下一次爆炸做好准备。”她显得很困惑，“我不明白为什么，但他越冷静，我应对体重问题就越容易。我以前对食物说过不，但在内心深处，我一直知道我坚持不了多久。我不知道原因，但这次我觉得自己能做到。”

这是自我控制的另一个好处。你不仅获得了对自己的信心，还能让周围的人振作起来。他们不再需要因为你的恶习而保护自己，可以开始为自己负责了。

我们都是相互联系的。我们不可避免地会对彼此产生或好或坏的影响。第一次来见我时，马蒂和苏珊就是两人都把最坏的一面展现给彼此的好例子。每次马蒂发脾气时，苏珊的 X 部分就会利用这个来攻击她：“瞧，他不站在你这边。没人站在你这边。你陷入了困境：女儿偷了你的东西，丈夫对你大喊大叫，然后抛下你去了纸牌俱乐部。永远不会有变化。来吧，跟我到冰箱这里来。那香甜可口的冰激凌会让你感觉舒服些。”类似地，每次苏珊密谋为女儿保守秘密时，马蒂的 X 部分就会喧宾夺主：“你女儿已经是个小偷了，现在你妻子还要把她变成一个骗子。你必须立刻给她们讲讲道理！”

但人类也以积极的方式联系在一起。在与自己内心的 X 部分做斗争时，他们产生的生命力量会向身边人扩散。现在马蒂的脾气和赌博欲望都得到了控制，苏珊感到不那么孤单，也得到了更多支持。“我第一次感到马蒂站在我这边，好像他想给我和家人最好的东西。”结果，X 部分发现很难让苏珊相信，秘密的深夜狂欢是她生活中唯一的乐趣。“同样，”苏珊也承认，“看到马蒂如此努力地使用‘黑色太阳’，我如果不同样努力，会感到羞愧的。”马蒂已经开始行动了，现在苏珊觉得，她有可能成为进一步改变他们家庭的催化剂。

X 部分可以像致残病毒一样在人与人之间传播，损害家庭中每个人的潜力。但反过来也是正确的。当父母致力于使用这些工具时，他们唤起的生命力量可以解放自己和家中其他人。

几个月后，马蒂和苏珊已经成了使用“黑色太阳”解决自己的问题的专家。结果是，查德回到了正轨。现在他们准备好来处理阿什莉的问题了。有一天，苏珊在检查信用卡账单时，发现女儿用信用卡买了条连衣裙，而那张卡她只应该在紧急情况下使用。苏珊描述了接下来发生的事情。“首先，我有一股冲动，想跟阿什莉单独谈谈。以前，为了避免马蒂发脾气，我就是这么处理的。但我用了好几次‘黑色太阳’，先去找了马蒂。”

令人惊讶的是，这成了一次真正的讨论，而不是一场互相指责的狂欢。“之后我们和阿什莉坐下来，告诉她我们有多么失望。我们说，买衣服的钱会从她的零用钱里扣，她还要支付一笔滥用信用卡的罚款。”阿什莉做了大多数孩子都会做的事——指责他们毁了她的生活。她找了种种借口应付他们，还试图让他俩自己吵起来，她的最后一招是把这一切都怪在一个朋友身上。苏珊和马蒂都想和她争论一番。但他们都自然地闭上了眼睛，在女儿面前用起了“黑色太阳”。“你知道我们当时做了什么吗？”苏珊笑道，“我们手牵着手从她面前走开了。她惊讶得说不出话来。”

这是马蒂和苏珊第一次合作，这对他们来说是一个巨大的进步。但我警告他们，他们得继续使用“黑色太阳”，来打造一条统一战线。在没有任何权威引导的环境中长大的孩子，一开始会抵制它。阿什莉一如既往找到了测试他们权威性的巧妙方法。她在网上商店找到了妈妈的密码，给自己买了一身套装，希望不会被他们发现。她还买了一加仑苏珊最喜欢的冰激凌，告诉马蒂这是苏珊偷偷藏起来的，想以此来激怒他。她甚至试图让查德打破他之前同意的关于电子游戏的规则。马蒂和苏珊并不完美——没有父母是完美的——但他们下定决心，每当受到诱惑，即将反应过度或相互攻击时，就使用“黑色太阳”。最终，阿什莉习惯了新规则。

到这时，马蒂和苏珊不再需要每周都来见我了——他们会根据需要单独或一起来做咨询。当他们一起来参加最后一次治疗的时候，我知道他们终于不再需要我了。苏珊笑容满面。“不久前的一个晚上，我去了阿什莉的房间，你绝对猜不到她在做什么：研究时装和设计专业的学校。她似乎有这方面的天赋。”

这太合适了（请原谅我用了个不怎么样的双关语）：阿什莉，时尚的最终消费者将会成为时尚的创造者。“黑色太阳”帮助这个家庭的每个成员摆脱了他们养成的放纵自我的习惯——为每个人发挥自己的潜力扫清了道路。

儿童与X部分

正如查德和阿什莉所表明的那样，并非只有成年人才有X部分。X部分试图尽早在儿童身上站稳脚跟，养成会扼杀他们一生潜力的坏习惯。有无数这样的例子：年幼的孩子习惯了拿走不属于她的东西或打其他孩子；稍大些的孩子在应该学习与他人互动的阶段习惯了时常发短信、看电视或玩电子游戏；十几岁的孩子习惯了对于自己在哪儿、聚会上是否有大人监督这类事情说谎。

如果这些行为只是偶尔发生，倒也不要紧。但 X 部分总是努力将它们转变成长期习惯。如果查德继续为了玩电子游戏而放弃学业，或者阿什莉继续偷窃撒谎，将严重损害他们成年后的未来。

当面对一个调皮捣蛋的孩子时，大多数父母都不愿意从自身着手努力；他们想要一个能迅速解决问题的补救办法。这是可以理解的，有一整个以育儿建议为基础的行业，很多专家在书里推荐了你可以尝试的技巧和方法。如果不是针对孩子的 X 部分，它们中的大多数都会奏效。

但 X 部分对这些技巧不屑一顾。它关注更大的事情：作为父母，你有多少自控能力。如果你放纵冲动，X 部分会说服你的孩子也这样做。你可能会想："我把我的酗酒、纵情声色、挥霍无度等问题隐藏起来了。"但实际上你并未如你想象中那样隐藏好它。我都数不清在我采访过的孩子中有多少人确切地知道他们的父母"秘密"地在做的事情。但更令人挫败的是，孩子们对父母有种第六感。即使你成功地隐藏了细节，他们仍然会感觉到你在放纵地生活，并把这看作对他们最坏的冲动的认可。马蒂每天晚上都给家人开关于自律的讲座，但直到他开始过上自律的生活，家里每个人才端坐起来认真听他说话。

因此，当父母问我怎样才能帮助孩子控制冲动时，我的回答总是一样的：尽可能勤奋地、始终如一地控制自己的冲动。这就是苏珊和马蒂对孩子产生牵引力的方式。他们先努力克制自己，一旦控制住了自己的冲动，他们就对查德的电子游戏和阿什莉的消费设限。这些限制能奏效，是因为这个家庭的整体精神气质已经从自我放纵转向了自我控制。

在这方面，我们的文化并没有帮到父母。孩子被铺天盖地的图像轰炸——在广告、电影和网络中，成年被描绘成一场免费的自助宴，包括了锦衣华服、跑车、不负责任的性爱、致幻剂和酒精等。孩子们有正常健康地长大成人的愿望，但X部分利用了成年人的形象，用自我放纵的承诺来引诱孩子。从本质上讲，我们的文化与X部分紧密勾连，鼓励孩子屈服于而不是抵制他们最坏的冲动。

这并不意味着没有希望。它仅仅意味着父母必须更加努力地在家庭中创造一种不同的文化。每当父母使用工具来控制自己最坏的冲动时，他们就向整个家庭发出了一条强有力的包含希望的信息：改变是可能的。那条信息鼓励家庭中的每个人都努力改变自己。这就是马蒂为何能够让他的家庭变得充满活力：苏珊变得愿意减肥，查德变得愿意控制玩游戏的时间，阿什莉开始对创造而不仅仅是消费时尚感兴趣。

这不只是一个抽象的理论。你可以自己测试一下。每当你想冲动行事时就使用“黑色太阳”。不管境况有多难，都坚持这样做。你将会看到周围的人的行为有所改善。通过使用“黑色太阳”，你将产生一种力量，它不仅有助于你控制自己，而且会成为你的人际关系、家庭以及更大的团体组织的结构的一部分。

将死亡转变为生命

当X部分试图从你身上偷走生命力量的时候，“黑色太阳”给了你增加生命力量的机会。记住，X部分是秘密工作的，一次从你的油箱里吸走一滴油——把精力浪费在琐碎的冲动上会让你在短期内有快感，但长此以往会耗尽你的人生目标。“黑色太阳”给了你约束自己的力量，防止这液体黄金流入排水沟。

但是，自我约束不仅仅是一种保存你的生命力量的防御机制，它实际上增加了你的生命力量。当你抑制冲动时，能量不会仅仅消失——它会改变自身性质。下图描绘了这种情况如何在你身上发生。

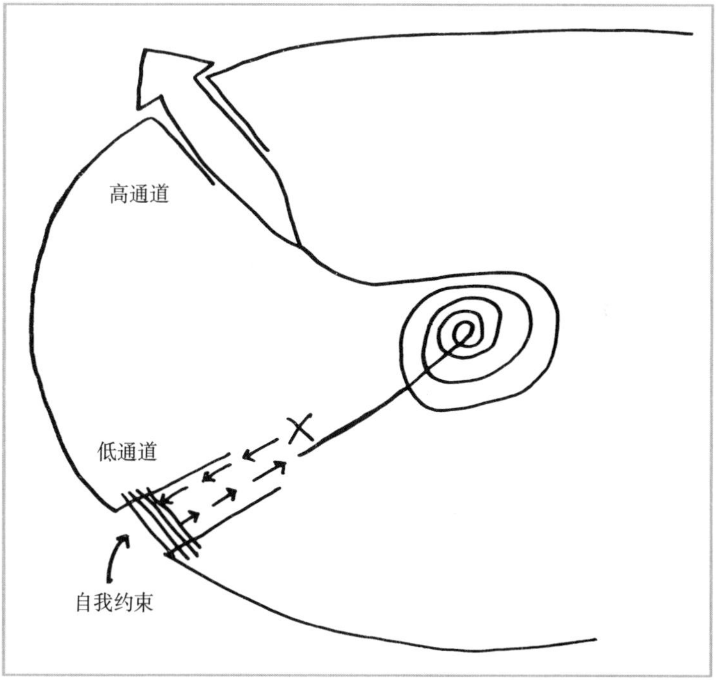

在图的左下角，你可以看到X部分产生了一种自我满足的冲动，用从X处向外运动的小箭头来表示。这种冲动通过标注的“低通道”进入外在世界。你冲动行事的时候是通过这个渠道进入外在世界来获取某种东西——希望它能让你充实。而实际发生的情况是，当你放纵这种冲动时，能量会从你身上倾泻而出，留下的反而比开始时更少。当你使用“黑色太阳”来约束自己时，你造了一道关闭“低通道”的屏障。在图中，这道屏障被标注为“自我约束”，并被描画成“低通道”口的4条实线。当X部分产生的冲动撞上这道屏障时，它被迫转变方向，回到你体内。

魔法就从此刻开始。每当你抑制住一次冲动，它的性质就会改变。在这幅图中，改变是以在你心脏区域的一圈圈线来表示的。心比大脑更能转化能量，而且，它在你没意识到的情况下就这么做了。最终，这种转化后的能量会重回世界，只是这次是通过我们所说的“高通道”（见图片左上角）。这里的能量和你开始时的冲动有很大不同。从“高通道”流出的能量是丰富的，通过释放自身而增加。我们把箭头画得更宽更满来表现这一点。从这个工具可以看出，给予能量是唯一能使你充实的方法。

这使我们对自我约束的真正含义有了更深刻的理解。它不仅仅关乎控制你的行为，更关乎从较低级别的、贪婪的能量到较高级别的、给予的能量的转变。开始时，你拥有X部分的冲动的能量，结束时你得到了更多的生命力量。

你以一种奇怪而神秘的方式把死亡转变为生命。显然，我们说的不是字面意义上的、肉体的死亡；X部分试图创造的这种“活着的死亡”是一种被单调乏味、千篇一律和无意义感定义的生活。X 部分将你的生活变成“活着的死亡”的最有效的方法之一就是让你冲动行事。那些行为虽然刚开始令人兴奋，但最终会把你生活中任何新的或者有意义的东西都耗尽。发短信、网上冲浪、暴饮暴食、吸烟等，都成了重复的习惯。你越屈从于这些冲动，就越像一台机器一样生活，一遍遍地执行着相同的无意义的操作，没有选择的自由，也意识不到自己在做什么。这就是“活着的死亡”的定义。

“黑色太阳”改变了这一切。它吸收了 X 部分使人麻木的能量，并将其转化为更多的生命力量。这不仅仅是理论上的，你真切地感觉到它发生在你的内心。如果你使用工具的次数足够多，你会感觉自己抓住了你那些自我满足的欲望，并把它们像黏土般塑造成生命力量的无限给予。掌握了这种将消极能量转化为积极能量的炼金术，会让你获得极高的兴奋感和成就感。本书中的每个工具都具有修复效果。当你反复使用它们的时候，你将生命——有关改变、创新和活力的无限力量——注入自身之中。

常见问题

当我使用该工具，进入第三步“充实”时，“黑色太阳”却没有出现。为什么会这样？我怎么才能让它出现？

如果在第三步“黑色太阳”没有自动出现，请不要担心。这种情况很常见，尤其是在你第一次学习这个工具时。你已经习惯了在外在世界满足你的需求，以至于没有意识到，你已在生命中大部分时间里拒绝了“黑色太阳”。要想让它出现，你必须创造一个空场地，同时承认被剥夺想要的东西是多么痛苦。

答案是慢慢地回到这个工具的前两个步骤，让自己感受它们所带来的痛苦。在第一步“剥夺”中，你应该感到被剥夺、焦虑、沮丧——不能得到想要的东西。尽可能强烈地去感受这些感觉。然后，放弃作为源头的外在世界，让痛苦加深——没有任何东西能永远填满你的内心。这感觉像是一个更大的损失。然后，当你在第二步“空虚”中转向内心时，你会感到内心敞开的空虚；这是在你拒绝给予自己你在外在世界想要的东西后余下的。专注于那片空虚，耐心等待，不要试图让任何事情发生。如果你真的愿意经历这两个步骤带来的不适，“黑色太阳”就会自己出现。

我已经能够通过自律来控制自己的冲动了。当想要某个东西时，我知道这对我不好，就不让自己拥有它。你似乎暗示那还不够。为什么？

你有控制自己行为的意志力，这很棒，但我们希望你超越这一点。对你来说，体验大多数人从未面对过的东西——你内心的巨大空虚，这是非常重要的。可以理解，大多数人都没有看到其中的价值——他们避开了它。他们认为只要能控制自己，工作就算完成了。

但是，面对内心的深渊是极其重要的。这是发现它不是空的的唯一方法！它被无限的生命填满。当你一次又一次地体验这些——这会改变你的整个人生。你开始把自己看成一个能为这个世界带来某些东西的人，而不是一个需要从这个世界获取某些东西的人。生活中更重要的不是控制你的强烈欲望，而是把它们转化为更高尚的东西：给予的力量。

你提到“魔鬼在扮演‘引诱者’”，你是在要求我接受魔鬼是真实存在的，有角，有尖尖的胡子，还挂着一个斜睨的笑容？

不，我们不是要你相信魔鬼真实存在。但这是一个有用的比喻，因为不管是否选择相信它是真实存在的，几乎每个人都接触过这个概念。

纵观历史，魔鬼一直被视为引诱人类一步步走上自我毁灭的道路的角色。这就是 X 部分利用冲动的方式。无论是用色情、酗酒还是不断查看社交媒体来诱惑你，每种冲动本身似乎都无伤大雅。但你越屈服，就越难以抗拒。最终你会付出终极代价：没有机会过上你本可以拥有的生活。你不必称它为魔鬼，但承认这是一种存在于每个人内心的危险的力量，符合你的利益最大化。

你似乎在提倡一种完全禁欲的生活。难道我永远不可以享受生活吗？

你当然可以！我们不是在鼓励你过一种斯巴达式的、全无快乐或满足可言的生活。但大多数人认为满足冲动会给他们带来快乐。事实恰恰相反：如果你审视那些满足自己每一个突发奇想的人的生活，你会发现他们极度不快乐。他们把大部分时间花在寻找下一剂致瘾物上，从长远看，没什么能让他们满意。典型的成瘾者是这样的人：他有过一次巅峰体验，余生都在试图重现它——最终失败了。

我们需要对什么能给我们带来快乐有一个新的认识。这听起来很奇怪，生活中最大的满足感源于付出——让自己投入人和事中——而非满足眼前的需求。这就是为什么我们可以自信地说，如果你使用“黑色太阳”，你的生活将比以往任何时候都更加愉快。

“黑色太阳”的其他用途

“黑色太阳”能让你努力一次专注于一件事，不屈服于干扰。

对有些人来说，保持专注完成一项任务很难；一旦所做的事情变得单调或重复，他们就会失去兴趣。这使他们很难完成任务。更糟的是，这会让其他人疏远他——当没有得到分心的人的全部注意力时，人们最后会感到被忽视，甚至被冷落。这已经成为我们社会中的一个大问题。因为我们渴望持续的刺激，我们在开车时，照顾孩子时，甚至在谈话过程中，都会分心。从某种意义上说，好像整个社会都感染了注意力缺陷障碍。

戴维是一个成功的天才经纪人。追逐的兴奋刺激着他，他尤其擅长签下大牌明星——演员、作家、导演等。他机智和战无不胜的风格使他成为一个天生好手。他的问题是，一旦签下一个客户，工作真正开始后，他就失去了兴趣。他不能长时间坐着不动，看完整个剧本；在员工会议上，他感到无聊，然后开始看手机；在与客户打重要电话时，他会偷偷地在电脑上看视频。不用说，他在家里的表现更糟，在孩子们快睡着时接电话，上床睡觉时几乎从不和妻子打招呼。

他的报应来了，他被他最大的客户解雇了。他们打小就是朋友，所以这是一个巨大的个人损失。但它也代表着一笔利润丰厚的生意，对他在公司里的地位是一个打击。他吓坏了，恳求客户给出解释。客户直率地说："你以为我们通电话的时候，我听不到你敲键盘的咔嗒声吗？你让我觉得我是干扰，而不是你的朋友兼客户。我值得拥有一个让我感到自己备受重视的经纪人。"戴维恳求朋友再给他一次机会。"如果你愿意，可以给我判个缓刑，但至少给我个改过自新的机会。"客户给了他 3 个月的时间。

每当戴维觉得无聊，想要即时刺激的时候，他就开始使用"黑色太阳"。之前，他和妻子在餐厅用餐时会看别的女人，和孩子玩时会接电话，开员工会议时会回邮件。起初，他发现坚持做自己正在做的事情非常令人沮丧，而且老是出错。但渐渐地，他发现自己集中注意力的时间越来越长。当客户带他出去吃饭时，他知道自己通过了测试。用餐结束时，客户微笑着说："我感觉不仅我的经纪人回来了，更重要的是我的朋友回来了。"

在你等待一些重要的事情发生的时候，"黑色太阳"会带给你平静的心情。

生活充满了不确定性。通常情况下，我们除了耐心等候下一步行动所需的信息，别无他法。等待——申请工作的答复，体检的结果，或者暗恋对象的回复短信——可能会让人难以承受。我们中的大多数人认为："要是能得到这些信息，我就会平静下来。"但我们没有意识到，信息就像毒品——你越需要它，内心就越不平静。

萨拉等什么都等得很辛苦。"儿子上高中毕业班的时候，我每天会查看 5 次邮箱，看有没有大学寄来的信。"现在儿子是州外某大学的大一新生，她迫切地想知道他的消息，但她重复的短信让他不堪其扰；他回复的频率越来越低，内容也越来越粗鲁。但与儿子的关系只是她无法容忍不确定性的一个方面。她申请了一笔商业贷款来启动一个服装系列，但发现自己无法忍受等待。"我忍不住打电话给贷款人员。最后他挂了我的电话。"

我告诉她，每当她必须处理不确定性时，比如，希望儿子能与她联系，想要确认悬而未决的社交计划，等着医生给她核磁共振的检查结果，就开始使用"黑色太阳"。这并非总是那么容易，也不总是奏效。但渐渐地，她发现自己放松下来了；她开始体验到一种从未有过的平静，还得到了额外的奖励。一天早上，她醒来时发现儿子主动发来一条短信："想你 !:-)"

"黑色太阳"让你停止在不那么重要的事情上花费过多时间，把精力放在真正重要的事情上。

大多数人都不知道我们这一生可以取得多大的成就，也不知道我们可以对周围的人产生多少积极的影响。X 部分希望保持这种状态，它用的办法是让无关紧要的琐事看起来比生活中最要紧的事情更重要。结果，直到抵达生命尽头时，我们也从未实现过自己真正的目标。奥利弗·温德尔·霍姆斯[①]哀婉地表达了这一点：“为那些从不唱歌却带着他们所有音乐死去的人哀叹！”

没人会指责妮科尔不尽责。她经营着朋友们见过的最有效率、最井井有条的家庭。她的孩子们总是按时起床，穿戴整齐，吃好饭，然后一起搭车。一天下来，所有的玩具都收拾妥当，所有的盘子都洗好了，所有的报纸都回收了。妮科尔有一种不可思议的能力，当她走进一个房间时，任何没有放在恰当位置的东西都能被她发现——电视遥控器被放在错误的桌子上，墙上的东西挂得歪歪扭扭，书歪向一边而不是直立着——她会立刻纠正过来。

在外界看来，她的生活似乎很完美，朋友们都羡慕她。只有她丈夫知道真相。身为英语老师的他知道妮科尔秘密的渴望是写诗。他能感知到她的天赋。“她从来不给我看她写的任何东西，但每隔一段时间，我会偷偷打开她的电脑看一眼。那是我读过的最优美、最令人心碎的诗。我只是希望能让她少担些责任，多写点儿东西。”

她自然的写作时间是在一天结束的时候。但那时她还有“例行公事”：给邮件分类，立即支付每笔账单，在睡觉前回复所有电话、电子邮件和短信。妮科尔不能忍受放下这些责任。于是，夜复一夜，她的诗被推迟了。

之后命运也介入了。妮科尔的父亲病了很长时间，护士打电

① 奥利弗·温德尔·霍姆斯（Oliver Wendell Holmes，1809—1894），美国医生、著名作家，被誉为美国19世纪最佳诗人之一。——译者注

话说他快不行了。她冲到父亲病床前，当他过世时，和他在一起。他对她说的最后一句话是："我真希望自己不曾为那些小事过度担忧。我这一生本可以做更多事情。"

这正是她需要的警钟。她承诺每天下班后不管遇到什么困难，都要抽出一个小时来写诗。她用"黑色太阳"帮助自己。每当想到自己忽略了一项责任——一通电话、一条没折好的毛巾、水池里的盘子——她就用"黑色太阳"来抵制中断写作的诱惑。这让她能够放下不重要的事情，倾向于完成重要的那些。随着时间的推移，她开始感受到一种创造性的满足感，这是强迫性的整洁有序的生活永远无法带给她的。

总结

X 部分是如何攻击你的：

它使你被满足自己的冲动淹没。这些欲望如此强烈，让你无法评估自己行为的后果。

这是怎么让你失去活力的：

在此处或彼处向冲动屈服不会毁了你。但如果你一直屈服，X 部分就会逐渐改变你生活的整体目标。你会专注于追求短期的快乐，而不是长期的潜力。最终，你两者都得不到；每种欲望都成了一种重复的习惯，失去了它最初带给你的兴奋。

X 部分如何诱使你屈服：

它使你相信，在无意识层面，被剥夺是不可忍受的，等同于死亡。

解决办法：

反复使用“黑色太阳”，能让你可以忍受被剥夺。你发现，被剥夺了想要的东西，并不会杀死你。事实上，经受剥夺让你有可能发挥潜力。无论你想要实现什么——写本书，做门生意，成为有效率的父母——都是有可能的，因为冲动不再能让你偏离正确的道路。

04

工具：旋涡

菲尔解释了，当你在生活中感觉自己被压垮了，疲惫不堪，缺乏前进的动力时，怎样使用“旋涡”来获得无限的能量。

贝丝走进我办公室进行第一次治疗时看都没看我一眼。她的注意力集中在家具上。她环顾房间，找到了最舒服的椅子，立刻坐了进去。她看上去疲惫不堪，像是已经站了一整天。我走过去向她自我介绍，她却挥手让我走开。

我一动不动地站在办公室中央，自觉像根灯柱。过了一会儿，她抬起头说："对不起。给我一分钟。"她又重重地倒进椅子里，花了几秒钟来给自己补充燃料。然后，她扮了个好像在搬巨大重物的怪相，让自己坐直了。

她解释说："我不是有意无礼的。我精疲力竭。只是需要一点儿时间调整状态。"我点头表示理解，她露出宽慰的微笑。

"什么让你精疲力竭？"我问道。

"我的人生。我跟不上它的节奏了。我得照顾这么多人。我试过，但不能让每个人或者说任何人都满意……"

"什么意思？"我问她。她重重地叹了口气。我看得出她在打量我，同时问自己，我是否值得她费力气解释那些她已经向其他 100 万名医生、精神病学家和各种各样的治疗师解释过的事情，他们中没有一个人理解她的感受。尽管如此，作为一个好人，她再一次努力地解释自己的感受。

“如果每个病人都同时要求你关注他们，你该怎么办？”

“你是治疗师吗？”我问她，觉得自己越来越笨。

“更糟。我是一名酒席承办商。不管你的客户有多苛刻，他们都比不上我的。你只需要关心他们的心理健康。我有更重要的事情要关注，比如，在吧台存什么牌子的伏特加，或者桌布确切的白色。”她笑了，但那像是绞刑架上的笑声。

“你在笑什么呢？”

“我愚弄顾客的方式。感觉就像我用透明胶带把所有环节都粘在一起。他们迟早会发现我是个骗子。我让他们觉得整场活动我都在，但实际上我经常迟到早退。我没有力气一直待在那里。我和客户面对面的时间越多，他们要求我做的就越多。”

“你不在的时候，他们需要一些重要的东西怎么办？”

“我的搭档艾琳会处理。她的精力是我的10倍。她也是我妹妹，尽管很难相信我们来自同一个家庭。她总是告诉我要‘冲破阻碍’，疲惫全在我的脑子里，听起来像是她在旋转训练课上听到的。”

贝丝笑了，但无法掩饰她的烦恼。“相信我，疲惫不在我的脑子里。等艾琳有了孩子和丈夫，我们再看看她是否认为疲惫只存在于脑子里。”

贝丝曾做过几次医学检查。什么问题也没找到。尽管如此，她描述自己的问题时清晰而热情的方式让我相信了她。另一方面，我曾治疗过许多像贝丝一样一边抚养孩子一边从事高要求工作的女性（也有男性）。他们有时感到疲惫不堪，但很少有人能描述出那种每天折磨着贝丝的精疲力竭的感觉。

“如果它不‘在你脑子里’，你为什么来这里？”

“是我女儿。”她说，然后哽咽了一会儿，“她说我不在乎她。她不让我送她上床。甚至不让我进她的房间。我丈夫说，那是因为我没有花足够的时间陪她。我爱她，但是没有人知道我在一天结束的时候有多累。有时候我都没力气上楼去她的房间。”

“你丈夫不相信你？”

“他别有用心。他抱怨我自私，但是他让我那样的。我一到家，他就跟着我转，像求关注的小狗一样。关注他就像把我的能量扔进了一个黑洞。他总是想要更多。”

问题：你只是精力不够

我听了贝丝的故事。显然，她原先并不是这样。孩童和青少年时期，她过得很轻松。由于天赋异禀，她毫不费力就取得了好成绩。她是学校里最受欢迎的女生之一，每个人都想和她一起出去玩。她是一个天生的运动员，足球队的明星。她认为这种美丽人生会持续下去。

但事与愿违。她 17 岁时，母亲突然去世了。照顾无可救药的酒鬼父亲的工作主要落在她的肩上。照顾他已经够累人了，还要承受他爱贬低人、爱发火的性格所带来的额外压力，这似乎耗尽了她最后一丝精力。

“他会说‘给我煎块牛排！给我拿杯饮料！把桌子收拾收拾！’但从来不会说‘谢谢’。他是个吸血鬼。我得到的只有一堆批评。”她每时每刻都感受到他的要求所带来的压力。“即使他不在我身边，我也能听见他的声音。”

她害怕他的无情会压垮她，所以试着从看似没那么重要的事情中抽身以节约能量。其中包括她的友谊，她担心朋友们会觉得她这个仆人的新角色不酷。那个每天都热情地跑去训练的年轻女孩已经不见了。让教练失望的是，她最终退出了球队。

她的学习成绩勉强过得去。放学后她会直接回家，服侍父亲，打扫房间，然后回到自己房间，瘫在床上小睡一会儿。“我期待着能打个盹儿。我只有在睡着的时候才感觉好些。”

这些都没用——她的疲惫加剧了。发生了什么？最简单的假设是把她的疲惫归因于抑郁症——失去母亲的结果。但如果根本问题是抑郁，它会首先出现——疲惫是次要的。而贝丝首先感到精疲力竭——如果她感到抑郁，那是对疲惫的一种反应。

贝丝没有意识到，她有多少能量取决于她与世界的关系。与世界互动时，你创造能量，退出世界时，你损失能量。每次贝丝取消活动或拒绝回复短信，她都没保护自己的能量储备，而是把它们浪费了。

她好像身处一艘正在下沉的船上。出于本能，她把一切都抛到船外，好让船浮起来。但她真正抛弃的是她与世界的联系。这使船下沉得更快。

最终和贝丝一起做生意的妹妹艾琳没她那么聪明，也没她那么受欢迎。如果说生活的电梯把贝丝送到了顶楼，它就把艾琳送到了地下室，让她自己一步步走上去。艾琳预料到生活会在她前行的道路上设置障碍，并愿意克服它们。母亲去世后，艾琳与亲朋好友保持联系，找到了一份兼职工作，并为自己寻找导师。

当贝丝走进我的办公室时，她的母亲已经去世 15 年了，但想要从世界隐退的本能仍然定义着她的生活。最初的生存策略已经成为一种根深蒂固的习惯。她作茧自缚。

幸福是全身心投入追求对你最有意义的东西的产物。如果你没有足够的能量去追求这个目标，是不可能获得幸福的。你遇到过哪个幸福的人是无法从沙发上起身与世界进行互动的？

X 部分将疲惫变成武器

创造你想要的未来需要耗费很多能量。没有能量，你的目标就让人感觉不可能实现。缺乏能量可能是 X 部分最致命的武器。当你精疲力竭的时候，你很难想象从局限的生活里逃离。

为什么贝丝最终加入了这个欠缺能量的群体，而艾琳却没有呢？因为 X 部分哄骗贝丝损害自身，而且打着保护她的幌子。那个关切的声音告诉她，她需要打个盹儿，或甩掉一个朋友，或不参加足球训练；那是 X 部分在她耳边低语，告诉她生活的要求，即使是最普通的那种，也是她无法承受的。多年后，准备一顿饭，和丈夫一起出去看电影，与新客户会谈，仍然让她觉得力不从心。

当内在的声音告诉你，你已经足够努力，该休息一下时，X 部分在召唤人类最基本的弱点：懒惰。当 X 部分一遍又一遍地重复“你不需要做这个，你没力气”时，它所做的不仅仅是允许你回避一些迫在眉睫的任务。它还建议你可以过一种永远不必超越自身限制的生活。直到母亲去世，贝丝也没有与生活抗争的经历。让她相信自己无法应对新的要求，就像从一个婴儿手里为 X 部分抢走糖果一样容易。

每个人都有不堪生活的重负，感觉无力反击的时刻。你黏在沙发上，沉迷电视，无法起身锻炼。你允许孩子晚一个小时睡觉，因为你没精力把他们哄上床。你需要早点儿到办公室，但闹钟响起时你因为太累起不来。你觉得没有能力应对当下的要求，所以你放弃锻炼，让孩子熬夜，或者按停闹钟 7 次。

下面简短的练习将让你体验你暂时性瘫痪的时刻：

> 闭上眼睛，想象自己处于如下状态：你需要做一些事情，但你“没有精力”。行动越琐碎，越平常，越频繁，效果就越好。让自己沉浸在无法迈出这一步的感觉中。

这些细碎的瘫痪时刻比我们愿意承认的更普遍。还有些时候，你无精打采、毫无兴趣，硬拽着自己去行动。你拥有的只是一具僵尸的生命力量。

不管你有多懒或多累，有些事情你必须做：你必须在特定的时间接孩子；老板派你到国家的另一边出差；你必须在下一个加油站加油，否则半夜里就没油了。不做这些事情可能会导致严重的后果——你不能让孩子在街角等一个小时。但你感到精疲力竭，耗尽了最后一滴能量。你去哪里寻找你需要却没有的能量呢?

走进最近的便利店，答案正从每一排货架上盯着你——咖啡、香烟、糖果、蛋糕、能量饮料等。

我们已经习以为常，甚至不认为这是一个问题。但物质使事情变得更糟。当我们对某一种特定的物质变得耐受时，就需要吸收越来越多这种物质，最终通常需要很大剂量才能让你感觉正常。这就是经典的 X 部分：它将你引向一个你本不必面对的问题（缺乏能量，因为你与世界脱离），然后引导你找到一个让问题变得更糟的解决方案（对利用物质上瘾）。

低能量的代价

缺乏足够能量的生活，其后果使人烦忧。带着快熄灭的火苗曳足度过人生，使一切都变得困难，有些事情变得不可能。明显的损失：你没去的地方，没遇见的人，没学的东西。但生活中还有其他部分，你认为它们不需要能量，实际上却需要，当它们耗尽你的能量时，你要付出更深层次的代价。

你失去了自我意识

自我意识是你的一部分，包括你的目标、价值观、意义感。这是你不受他者影响的部分，也是“我是谁”这个问题的答案。X 部分不断地攻击你的自我意识。它让你怀疑自己的潜力，不信任自己的直觉。

要拥有坚强的个性，你必须抵御这些来自 X 部分的攻击。那需要能量。如果你的能量很低，就会失去个性——你没有方向、没有信念地在生活中漂浮。

你失去了梦想和展望未来的能力

你看待未来的方式取决于你有多少能量。低能量的人对未来的期望是有限的。他们没有远大的梦想，因为他们没有能量去实现它。他们日复一日，顺从于没有尽头的千篇一律的生活。未来是在当下被创造出来的，但前提是你有精力去创造它。

就贝丝而言，她不再为自己的未来而努力，并认为她可以把这些能量“节省”下来，用它来维持生存。就好像她把自己的未来带到了当铺，得到的回报是，她每天可以拥有一份死气沉沉的当下。

你错失良机

你生活中发生的事情在很大程度上取决于你如何应对机遇。你可以把机遇想象成一个虫洞，一条连接现在和未来的宇宙捷径。如果穿过那条通道，你可以直接影响你的未来。

你永远不知道机遇何时出现。机遇不会稳定地、有节奏地出现——它们来得又快又出人意料，且不会永远存在。如果你不警觉，不为行动做好准备，它们就会从你身边溜走。但让自己保持准备就绪的状态需要耗费能量。

贝丝经历了惨痛的教训才明白这一点。她从一个名字听起来不熟的人那里得到一则消息。几年前贝丝为此人举办过一个小型聚会，她想再次雇用贝丝。过了 10 天贝丝才回复她。这时她震惊地发现，这份工作是一家公司的一次重要宴会，而经营这家公司的正是那位被她忘记名字的客户。但这个订单已经被另一家公司接了。

贝丝把出错归咎于她的疲惫，但那丝毫无助于她为下一次机遇做好准备。只有准备更充分才能做到——而那需要她所不具有的精力。

你无法维持情感关系

维持一段关系需要的不仅仅是对某人有感觉，不管这感觉可能有多强烈。你必须将情感表达出来——不是偶尔，而是一直如此。英语的“情感”一词来源于法语和拉丁语，本义为“搬出”。一份情感在未被表达出来或进入这个世界之前是不完整的。而表达需要能量。

贝丝没精力把她的爱意“搬去”丈夫那里。她没能力与他建立联系，使他感到自己被遗弃了。当他要求更多的时间和关注时，她撤退得更远，让他觉得更加孤独。他们陷入了一个不断自我构建的循环。

贝丝想要相信这都是丈夫的错：“不管我付出多少，都永远不够。”但她自己精疲力竭的状态启动了这个循环。直到她有精力把它纠正过来，他们才能从这架旋转木马上下来。

使我们精疲力竭的谎言

青少年时期，贝丝和艾琳都充满活力。成年后，艾琳仍然精力充沛，贝丝则徘徊在精疲力竭的边缘。贝丝对此的解释是："我只得到这么多能量。艾琳生来拥有的就比我多。我的已经用完了。"这种态度是她的问题的核心。

贝丝和大多数人一样，认为生命能量是一种固定的特征，就像血型或眼睛的颜色一样。我们生来就被赋予了一定数量的能量，对此我们无力改变。这就是阻止贝丝恢复活力的谎言。我们对此深信不疑，极少有人会去挑战它，尤其是精神病医生。

当精神病医生见到一个新病人时，他们想知道的第一件事就是诊断结果——这个人有什么问题？而我想知道的第一件事是病人已经有了什么资源——这个人哪里没问题？他们最重要的资源是他们的能量水平。无论诊断结果如何，那些能量水平最高的人最有可能成功。即使对那些没有接受治疗的人来说，预测他们未来潜力——他们将在生活中走多远——的最好指标也是他们有多少能量。

那些没有太多能量的人呢？他们也应该得到帮助。当我第一次见到他们时，他们通常处于退出世界的某个阶段，担心自己的能量会被全部耗尽。他们的目标不是成长，而是存活。用贝丝的话说："一旦能量被耗尽，我就等于在没有桨的情况下逆流而上了。"

只要她相信没有改变她疲惫状态的方法，这就成了一种自我应验的预测。但是对贝丝来说，有更好的办法来理解她为什么总是精力不济。

艾琳比贝丝精力更充沛，是因为即使在最糟糕的时候，艾琳也投入这个世界。投入意味着让自己沉浸在生活中，而不只是走过场。

> 投入是一个持续的过程，一种存在的方式。一个动作即使引人注目，也不能使你投入。
>
> 投入不是降临在你身上的事情，它意味着你主动去接触世界。
>
> 投入不一定包括“重要”的行动，只要是对你有意义的行动就行。

当你投入这个世界时，你会觉得自己更有活力；伴随着生命力量觉醒而来的是能量。这些能量从何而来？从你的内在，具体地说，从你的身体而来。这种“投入的能量”是被你周围的世界的需求激发的。你需要身体能量来投入，一旦你这样做了，身体就以创造更多能量来回应。你可以利用这些新创造的能量来进一步投入。对许多人来说，这是一个自我维持的循环：如果说能量是一项投资，我们会说它提供了丰厚的回报。但你必须有能力先支付本金。

你希望尽可能多地重新投入生活的各个领域。在贝丝的案例中，这包括维持与更多人的友谊，对事业有更大投入，有更多时间和兴趣参加家庭活动，找到她享受的体育活动。

为了让你了解重新投入生活的具体情形，这里有一些我要求贝丝去做的事。

> 积极参与自己举办的招待活动。
>
> 重新与朋友建立联系。
>
> 留出时间给家人。
>
> 找一项有乐趣的体育活动。
>
> 在不完全退出生活的情况下休息；享受20分钟的小憩，而非两小时的逃避。

我告诉贝丝，做出这些改变后再去维护和女儿的关系——否则她没那么多精力。她看着我，好像我让她去爬珠穆朗玛峰一样。

“你说得容易。开启所有这些改变都需要能量，而我一点儿都没有。”

贝丝面对的是“投入悖论”。要创造新能量，你必须投入这个世界。但没有能量，你就无法投入这个世界。这就像从银行借钱：他们只会在你有钱的时候借给你。

身体能量与精神能量

每个人在某个时刻都会面对这个问题。即使你通常有足够的精力，或早或晚你还是会发现你处于某种让你难以承受或疲惫不堪的情境中。你想重新投入生活，但就像刚被击倒在地的拳击手一样，缺少从垫子上站起来的能量。

无论你的疲惫是暂时还是长期的，你都面临着同样的悖论：当没有足够的能量作为初始的保证金时，你怎么能买入这个能量系统？你不能。但如果有另一种能量，它不是来自你的身体，而且你不费多少力气就能获得呢？如果投入的能量是身体的，我们把这另一种能量描述为精神的。

称其为“精神能量”并不意味着它与有组织的宗教或神秘的信仰体系有关联。我们称它为精神的，是因为它的来源不是你的肉体或我们生活于其中的物质世界里的其他任何东西。

你可以耗尽体力，或者说精疲力竭。但精神能量是无限的，即使你的体能已经耗尽，仍然可以获得它。这是解决“投入悖论”的方法，确保你永远有足够的能量投入这个世界。

下图描绘了身体能量不可避免地衰减，以及精神能量是如何弥补这种损失的。

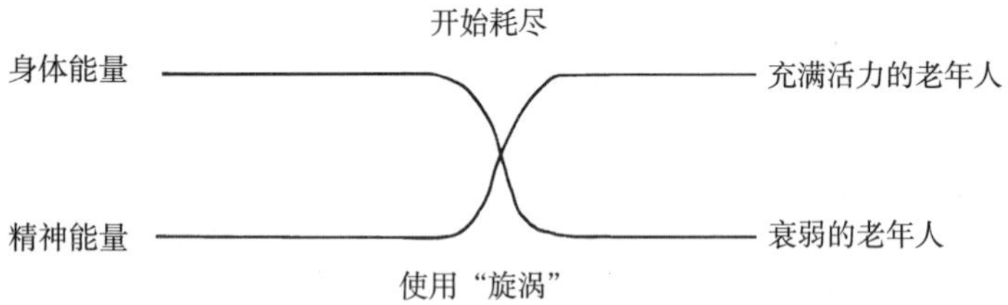

从图中左上角起的线代表了一个人在特定年龄所具有的体能水平。这种能量是纯生物的，它的来源是你的身体，它负责确保孩子和年轻人有充沛的活力。因为它是身体的，会随着时间的推移而衰减，这就是这根线向右延伸时倾斜向下的原因。身体能量的减少会导致与变老相关的变化：疲惫、关节僵硬、肌肉无力等。

身体能量不可避免地衰减被社会视为一种弱点。50 多岁以及年龄更大的病人经常抱怨自己被闲置了，年轻一些的同事不重视他们从多年经验中获得的智慧，就好像他们的生命毫无价值。

唯一的解药是系统地增加你的精神能量。你可能遇到过对生活仍然充满热情的年长之人。你可以从他们目光的流转中看到，从他们的笑声中听到这种热情。他们接入了更高级的能量。他们的年龄无关紧要——世界之所以重视他们，是因为他们充分地活着。很少有人能自然地做到这一点，另一些人则需要使用工具。

从图中左下角起的线代表了这种精神能量。它不是来自你的身体，而是来自一个比任何个体都大得多的领域。你不是创造了这种能量，而是获得了它。

尽管精神能量如此强大，我的病人们却很难相信它的存在。让他们诉诸智力是没用的。只有自己感受到这种能量的存在，他们才能接受它的现实性。

我们每个人身上都有一部分可以直接体验到非物质的能量。我们称之为灵魂。另一些人称之为精神或更高的自我。有时病人会说，他们一直把自己本身视为能量。

你怎么称呼它并不重要，重要的是知道如何使用它来接入总是触手可及的无限的非物质能量储备。“旋涡”是能帮你做到这一点的工具。

工具：旋涡

“旋涡”以一种新的方式融合了两个古老的符号：太阳和数字 12。太阳代表着无穷无尽的精神能量之源。12 在传统意义上代表着完整——每年有 12 个月，12 星座，钟面上有 12 个小时。

你可以想象一个由 12 个太阳组成的圆圈，以此来把这两个符号结合在一起。这象征着宇宙中所有精神能量的总和，圆圈则代表了能量作为一个明确的整体在运转。

为了分享这满溢的能量，你需要一种方法从太阳圈中升起。使之成为可能的是个“旋涡”——一种形状像龙卷风但没有其破坏力的旋转的力。

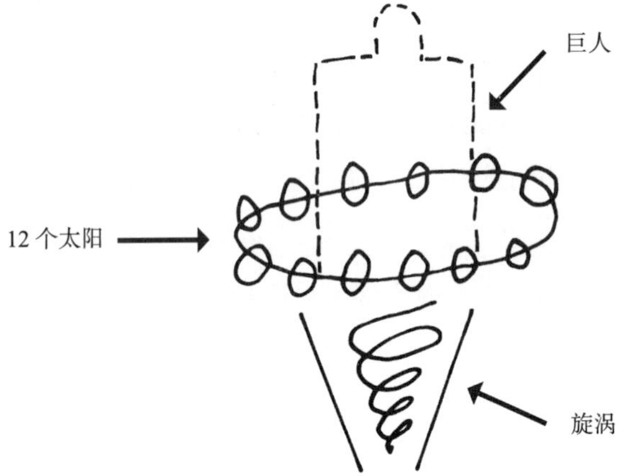

旋涡

12 个太阳：想象在你的头顶有 12 个围成一圈的太阳。集中注意力，在心中默默地对着它们喊“救命”，以此来召唤“旋涡”。这会使整个太阳圈开始旋转，形成一个温和的龙卷风状的旋涡。

上升：放松，让身体与“旋涡”融为一体。感受“旋涡”把你从太阳圈中托举起来的力量。

生长：一旦穿过这个圆圈，你会感到自己长成了一个拥有无限能量的巨人，缓慢而从容地穿行于这个世界，没有遇到任何阻力。

在使用这个工具时，你唯一需要付出体力的时候就是默喊“救命”来召唤“旋涡”的那一刻。这只需要持续一秒——在这个工具的其余部分你大可放轻松。

精疲力竭时，你感觉身体很沉重，就像你拖着的什么东西一样。当你放松并融入旋涡时，身体的沉重感会消失。无须花费更多力气，你就会被生命力量推着前进，成长为一个巨人。在这种状态下，你感觉自己会无限膨胀。

身体能量专注于你想获得的一些“东西”——金钱、配偶、报复、靓车、常春藤盟校的教育。就像实验室里的老鼠不停地推动操作杆来获得奖励一样，你追逐着你所迷恋的东西，直到精疲力竭。

精神能量不会被驱使着在外在世界获取任何种类的胜利或成

功。它缺乏身体能量那种贪婪、重输赢的特质。它出人意料地缓慢且温和，但却是不可阻挡的。

当你使用“旋涡”时，你做的不仅仅是重振自我——让自己与更高的世界同步。只要和这种精神能量保持和谐，你就会带着一种从未有过的轻松感在生活中向前迈进。

无限是从容不迫的。它以一种缓慢、温柔的方式平静地行动和创造。要接近无限，你必须像它一样行动。这对大多数人来说是个问题——他们缺乏耐心。就像孩子在吃完蔬菜前就想吃甜点一样，自我现在就想要得到满足。

那种态度不会让你更快地抵达目标。事实上，它使你慢了下来，因为它破坏了你和无限之间的和谐。如果你坚持按照自己的节奏前进，最终会活成一人乐队。

怎样以及何时使用“旋涡”

在两种情况下，你可以从使用“旋涡”中获取高额收益。

第一种是在你没有精力与世界保持联系的时候。原因有很多，但它们都让你陷于同样的境地：停滞不前。这些情形并没有什么微妙之处——你充分意识到你的油箱里没有油了。

你需要额外的能量让生活重新开始，但不知道从哪里获取它。X 部分告诉你不要尝试，因为改变你的基本能量水平是不可能的。一旦你相信了最初的谎言，不可能感就会在你生命中蔓延开来，就好像 X 部分在低声念着咒语：“你做不到。”

但是你可以。你可以使用无穷无尽的能量储备。它的存在驳斥了不可能的谎言，但你必须感受到它的存在，而不仅仅是知道它。这意味着使用“旋涡”并感受它所创造的温柔、从容的力量。

当你脱离生活，找不到让自己重新回到前进道路上的能量时，使用工具。下面是 3 种最常见的表明缺乏能量的描述方式。

瘫痪

在那些你因疲惫而瘫痪的时刻，你显然应该使用“旋涡”。你感觉身体太沉重，无法移动，似乎不可能从沙发或床上起来。你精疲力竭，能量储备耗尽。这就是贝丝的处境。

不要试图强迫自己重新开始行动。一动不动地使用几次“旋涡”。你只想要意识到太阳圈上方轻轻流动的能量。多做几次，然后开始缓慢轻柔地移动，与精神能量保持和谐。

发呆

发呆是另一种你无法找到前进的能量的情况。瘫痪时，你会觉得身体太重而无法动弹；发呆时，你则完全失去了与你的身体的联系。几分钟，甚至几个小时，你都在自己的世界里漫无目的地漂流。你可能会发现自己瘫坐在电视机前，不知道在看什么，或者在谈话中走神，一个字也没听见。

发呆是注意力不集中，需要耗费精力才能重新聚焦。使用几次“旋涡”，将你产生的更高的能量用于把你的注意力带回当下，而不是去做其他任何事情。一旦你感觉注意力回归，可以再使用几次工具来给身体行动供能。

感觉无法承受

我们都经历过生活被无数要求淹没的时刻。你还没付水费，你把要穿的衣服落在了洗衣店，孩子在学校等人来接，你刚刚拿到一张停车罚单——最可怕的是，你请客人上门吃饭，可家里一团糟。

我们对这种袭击的第一反应是加速，试图立刻完成所有事情。在智能手机的帮助和怂恿下，这导致了一心多用的疯狂。你看起来做了很多事，最后却像一只无头鸡一样四处乱窜。

当你惊慌失措，没有方向时，你无法前进。前进需要精神能量的平静、从容的力量。多动和它邪恶的继子——一心多用，使它不可能与这种愉快的、克制的能量相连接。

每当你觉得自己被拉入多动的状态，特别是想要一心多用的时候，就使用“旋涡”。如有必要，重复使用该工具几次。你要养成习惯，每当你开始感到无法承受的时候，就接入它那平静、专注的能量。

转变

前面的例子描述了你在生活中无法前进的情形。不管你是瘫痪、发呆，还是多动，潜在的问题是缺乏能量。这并不神秘——即使不知道该如何纠正，你也知道你能量不足。

还有第二种不明显的能量短缺。它就像一股无形的力量，把你往后推，积极地抵制你采取的每一个步骤。你每天都能感觉到它的阻力，所以并不把它的存在视为问题——“事情就是这样。”它不会阻止你前进，但会让你的每一步都是一次战斗。

我们所有人都陷入了迫使我们后退和促使我们前进的力量之间无形的战争。这场战争不是几场高潮迭起的战役，而是每天都要发生一千次的小冲突。每当生活对我们提出要求时，就会有小冲突发生。要求虽小，但从未停止。

你早上起床，叫醒孩子，开始吃早餐，查看电子邮件和社交媒体，洗脸穿衣，等等。这些小要求会一直持续到你晚上疲惫不堪地上床睡觉。这些任务中的每一个本身并不需要耗费太多精力。真正耗尽精力的是反复地从一个任务转移到另一个任务。我们将这种精力和注意力向下一个任务的转移称为“转变”。

为什么转变如此困难？在高中科学课上，我们都学过牛顿第一运动定律：静止的物体保持静止，运动的物体保持运动。这种倾向被称作惯性。作为人类，我们受制于自己的惯性：继续做已经在做的事情比转而开始一个新任务更容易。

问问你自己：当你最喜欢的电视节目结束时，你能起身走开吗？你能结束和某人的谈话，去打一个拖延了很久的电话吗？你能强迫自己退出脸书，开始做晚饭吗？

没那么容易。你可能没有那点儿多余的能量，让你转移到下一步。但生命在于运动，不管你是否准备好了，下一个要求很快就来了。无论任务有多琐碎——刷牙，给汽车加油——如果你只是坐在那里，为不作为找借口，你就不再与宇宙和它能给予你的精神力量同步。无法进行这种转变是我们被许多不满和疲惫困扰的秘密原因。它让生活像一场艰苦的跋涉。

这为“旋涡”创造了另一种用途，也许是它最重要的用途：这个工具给你克服惯性的能量，让你在生活要求的无止境的转变中继续前进。大多数人关注生活中更大、更具挑战性的事件，但推动宇宙的力量却是在一个小得多的层面上起作用。我们称之为小事情的世界——这里的“事情”指的是一些小的、看似无关紧要的行为。就像现代物理学从最小粒子的层面研究物质一样，理解人类行为最好的方法是从最常见的行为和事件层面着手。

伟大的欧洲哲学家鲁道夫·斯坦纳曾这样说：最重要的东西通过最小的东西进入这个世界。平凡是至关重要的，因为我们大部分时间都花在了平凡的事情上。重要的是在日常的转变中保持前进的能力：下班，取回干洗的衣物，回家，把它挂在衣橱里。这全然不是英雄的旅程，但你做出这些转变的能力使你在不停地运动，这种无休止的运动状态让你成为更高的力量的容器，这些力量让你得以充分发挥你的潜力。

正如毕加索所说：“灵感是存在的，但它必须看到你在工作。”他所说的“工作”是什么意思？作为一名画家和雕塑家，他暗指的是艺术家的创作过程，但任何在创造些什么——生意、家庭、建筑——的人都会经历同样的过程。

对一名作家来说，“工作”包含了每天早晨出现在电脑前，面对创作中的挣扎。仅仅是出现这个行为就意味着你已经为转变付出了努力。但这还不够。在写作过程中，有时你会感到受阻、心烦意乱或意志消沉。这项“工作”的一部分就是重新回到写作的进程中。在那些时刻，使用“旋涡”会给予你坚持下去的力量。

专注于“坚持下去”比作品的好坏更重要——你对品质的看法无关紧要。只要坚持写，你就在创作。你不知道灵感什么时候会来，但只要坚持工作，无论它什么时候来，你都能在那里接住它。

让自己投入这种过程中需要信念，相信努力终会有回报。X部分会嘲笑你愿意在没有保证的情况下努力工作。你无法用言语驱散它的谎言。唯一有用的就是在那些时刻使用“旋涡”。你创造的能量就是你不会止步的声明。

使用“旋涡”的回报

体验“旋涡”的全部力量需要时间，但如果让一些线索触发你使用该工具，你会得到一个即时奖励——更多的能量。这将把你引向一个令人挫败的发现：你未来的图景不是仔细计划和准备的产物，而是你所拥有的能量的结果。乐观是一种能量满溢且永远不会被耗尽的感觉。

当我建议贝丝用这个工具来恢复她缺乏的能量时，她表现出的怀疑可以理解。“这只是又一件我没精力去做的事。”我告诉她不妨从小事开始，比如打一个她之前没精力打的不愉快的电话。一开始她反对说：“我来这里是因为女儿不和我说话。这和打电话有什么关系？”

很快她就发现了。她再一次来参加治疗时既兴奋又困惑。“它奏效了。我用了那个工具，它确实给了我更多的能量，所以我打了电话。我原以为一个工具不可能帮上什么忙。”但那还不是全部。“第二天，我又给欠我钱的人打了两通计划之外的、艰难的电话。我使用这个工具越来越顺手，所以回到家真的去尝试了……我和女儿一起玩儿，她接受了。”

“那是了不起的第一步。”

“‘第一步’是什么意思？在和她玩儿之前，我每天都使用‘旋涡’。甚至在和她玩儿的时候我也这么做了。”

“你们玩耍过后，你做了什么？”

“嗯，我回到房间，关掉手机，睡了一个小时。我总是得打个盹儿。”

“你累吗？”

“不……事实上，我睡不着，但我永远不知道什么时候精力会耗尽，所以我努力存一些。”

我提醒贝丝，她不能像松鼠为冬天囤积坚果那样储存能量。当你使用“旋涡”为你与世界的互动提供动力时，你将获得源源不断的能量。你不是拥有新的能量，你每时每刻都在创造能量。

贝丝脱离这个世界太久了，她需要一张重新连接的蓝图。她的计划需要包括如何在她从中撤离的每个主要的生活领域与他人重新建立联系。

> 在工作中，她需要主动联系现有客户，并向新客户推销她们的服务。
>
> 在婚姻中，她需要积极主动地在性和情感上与丈夫重建联系。

> 她需要重启旧友谊，并努力发展新友谊。
>
> 对她自己来说，她需要找到一些新的——创造性的，智力或精神上的——对她有意义的东西。
>
> 她需要一个身体方面的发泄途径，不仅仅是在健身房锻炼——她可以去找一些激情。

当我把这一切都告诉贝丝时，她不知所措。多年来，她几乎没有在这些主要的生活领域投入什么精力。她很谨慎，不愿承担过多，“耗尽”剩余的精力。X 部分鼓励她这种自我设限的看法。

但因为不想失去和女儿的关系，她一直使用“旋涡”来鼓励自己和女儿一起做各种事。如果她没有能力应对生活的其他方面，至少她还有女儿。她告诉自己这是一笔相当不错的交易。

但这事实上是与魔鬼的交易。你不能与更高的力量讨价还价。你要么全身心地投入作为一个整体的生活，要么失去能量和活力——在贝丝的案例中，是母女关系。

几周过去了。每次会面，我都会不停地对贝丝说她需要展翅飞翔，投入完整的生活。她拒绝接受这个信息，直到她的女儿说服了她。

贝丝的女儿约了朋友一起玩耍，她刚去接了她。女儿一上车，贝丝就感觉到一种她下车时没有的紧张。贝丝立即问道：“怎么了？”

“萨拉的妈妈带了其他几位妈妈过来，她们要去看戏。你为什么没有朋友，也从没做过类似的事？”女儿问道。

贝丝的心沉了下去。她立刻意识到，这个问题不仅仅关乎朋友。女儿问她为什么没有自己的生活。这比她预料的更令她困扰。到那时为止，她已经使用“旋涡”克服了一些具体的困难，然后爬回了她与世隔绝的壳里。但现在，女儿问出了本该她来问自己的问题：对生活的真正投入。

那不仅仅需要打几个电话，或者和女儿一起玩。那意味着她得在生活的每个方面都重新与这个世界建立联系——包括工作、婚姻、朋友和健康。正是这一认识使她的心往下掉，她担心自己没有精力。我解释说，X部分想让她相信，她的能量太少，无法在所有这些方面努力；自从她母亲去世后，它一直在用这个谎言给她洗脑。

但情况已经变了。在使用这个工具一段时间后，她和女儿比以前更亲近了。当贝丝变得懒惰或孤僻时，她从女儿失望的表情中可以看到自己的失败。每当女儿这样回应她时，贝丝就会更努力地找回自己的生活。有时成功，有时失败，但当贝丝意识到她们的母女关系取决于她的活力水平时，她决定永不放弃。

常见问题

我使用了“旋涡”，我能感觉到自己变大了，但没有感觉到更多的能量。我做错了吗？

不，你没有做错。有些人已经习惯了身体是他们唯一的能量来源。当他们第一次感受精神能量时，他们并不觉得那是“能量”。我们的社会把能量等同于一种外显的、令人心跳加速的、促进肾上腺素分泌的亢奋。精神能量比那更微妙，它是安静、平淡且稳定的。它以较低（但更持久）的频率嗡嗡作响，是一种将永远持续下去的平静。当你习惯了这个工具，你就会感受到这种更高级的能量温柔但不可阻挡的力量。

使用这个工具时，当我的脚踩在地面上，旋涡托着我的身体穿过 12 个太阳围成的圈，我获得了最多的能量。我感受到膨胀和拉伸，惊讶于自己竟变得如此庞大。这正常吗？

是的，你并不是唯一一个以这种方式使用这个工具的人。我第一次遇到像这样使用“旋涡”的人，是和巴里·米歇尔斯在一起，他不断努力，使每一个工具都变得更有效。专注于你的脚有两个好处。首先，它把工具产生的能量引至日常的物质世界，在那里你可以用它来解决实际问题。其次，当你向下看，看到你的脚有多远时，你对自己拥有巨人般的大小和力量的感觉会被放大。

你能在一些不针对个人但同样让人难以承受的情境下使用“旋涡”吗——比如遭遇恐怖主义行径、自然灾害、经济或政治危机的时候？

是的。应对灾难性事件的关键是与世界保持联系。这使你可以获得所需的帮助和信息。一场灾难改变了你对世界的看法，但如果你有任何领导责任，包括为人父母，那么不退缩就尤为重要。公共场所的爆炸、地震或股市崩盘破坏了让我们感到安全的可预测性和熟悉感。我们在感到困惑和恐惧时，往往会瘫痪。

你能培养的最了不起的精神和实践技能之一，就是能够在危机中保持冷静同时采取行动。“旋涡”产生的平静但不可抵挡的能量非常适合与一个变得不确定的世界保持联系。我有一个病人是一家拥有数千名员工的大公司的首席执行官，“9 · 11”事件后，他瘫痪了好几天，没法去上班。使用“旋涡”让他得以重返工作岗位，承担职责，减轻了员工的恐惧。这也使他有信心应对未来可能出现的任何意想不到的情况。

怎么知道我是需要休息还是只是懒惰?

最好的区分方法是看具体情境。休息——无论是打盹儿、看电视、阅读，还是让自己享受其他形式的闲暇——看起来和感觉上会因目标的差异而有所不同。如果你的目标是不断前进，那么你休息是为了恢复精力，好迈出人生的下一步。你最终会感到放松和恢复了活力。

如果你不想前进，你休息就是为了逃避这个世界。这是作为即时满足的休息；它不是为下一步做准备，因为没有下一步。它会让你比刚开始时精力更不济。这种远离世界的冲动导致你睡了两小时，原本 20 分钟就够了。

一个决意向前的人，在开始打盹儿之前，就知道自己醒后要做什么。他对自己想休息多久也有相当精准的感觉。醒来后，他渴望采取下一步行动。不想前进、没有目标、对下一步没有期待的人，不知道自己醒来后会做什么。这就是懒惰的定义：为休息而休息，没有计划或目标。

“旋涡”的其他用途

“旋涡”给了你捍卫自己的能量。很多人都没有过上他们想要的生活。

他们过着其他人——比如老板、父母、配偶，甚至是朋友——推着他们去过的生活。当别人苛求你，欺负你，固执己见，或者只是单纯的自私时，你无力反击和拒绝，被动让你觉得自己渺小且孩子气。“旋涡”逆转了这一点；它带来一种体形和力量都增加了的感觉，让你觉得你像个可以捍卫自己的成年人。

乔斯是一位单身母亲的独子。孩童时，他把自己视为母亲的保护者。16 岁时，他就在现实中扮演了这个角色。他的母亲利用了这一点，拿走了他兼职工作挣来的大部分钱。在约瑟不用去工作和上学的那点儿时间里，她希望他为她跑腿，载她赴约，并为他们做饭。但无论他做了多少，永远不够。她不断地抱怨，使他总是感到内疚。当他不听使唤时——随着他年龄的增长，这种事发生得越来越多——她会勃然大怒。

28 岁时，他开了一家便利店。生意很快取得了成功，但占用了他大部分时间。他唯一的私人时间是星期天下午。除了在足球赛季和朋友们一起看比赛，他愿意和母亲一起度过这段时间。他和母亲的关系到了一个转折点：她在一场大型比赛中间给他打电话，坚持要他马上到她家去。当他发现自己不由自主地拿起了车钥匙，他意识到她仍然可以让他觉得自己像个被吓到的孩子。因为不愿再为别人而活，他开始使用“旋涡”。几周后，他觉得自己“长大了”，也更成熟了。从这个新的角度看，很明显，他母亲是外厉内荏。只要他坚持使用这个工具，抵抗她就变得容易多了。

“旋涡”给你勇气去做你从未想过你有可能去做的事情。

我们大多数人在一生中都背负着一种强烈的局限感。我们做着同样的事情，兴趣相同，甚至连想法也差不多。这些习惯让我们生活在一个由X部分创造并维护的熟悉的、看似安全的世界里。要找到自我，满足自我，你必须超越X部分所创造的有限世界。这不是一个关乎思考的问题，而是一个关乎行动的问题。使用“旋涡”能给你勇气去冒险和采取行动，即使结果不确定。它是你进入一个充满可能性的世界的途径，X部分不希望你知道这个世界的存在。

罗伊由一对慈爱但满怀恐惧的父母抚养长大。他们不曾享受生活，而只是生活的幸存者。在他们内心昏暗的角落里，总有一场不可预知的灾难即将发生。他们试图通过尽可能小心地生活来保护自己。他们都是公务员，从事的工作安全、枯燥、不会失业，计算着星期和月份，直到可以领取养老金。出于好意，他们坚持让罗伊过和他们一样的无风险但同样局限的生活。

罗伊想从生活中得到的不止这些，但此时他已年近30，有抵押贷款、妻子和孩子。他的父母让他觉得这是一份沉重的责任，他别无选择，只能从事和他们一样安全的工作。从担任州项目经理的第一周起，他就知道这是个错误。当他想到要被困在这种处境中30年，他感觉自己像在坐牢。父母向他保证，他会适应这份工作，并逐渐学会欣赏它的安全性。他知道他们错了，但由于被灌输了对未来的恐惧，他感到非常无力，看不到其他选择。

当一位有创业天赋的密友透露，他已经为一家科技初创企业筹集了资金，希望罗伊成为他的合伙人时，罗伊陷入了一种灰色恐惧之中。他对这一领域很感兴趣，这是个令人兴奋的提议。但它也意味着风险——从悬崖上一跃而下，他以前从未做过这样的事。

令他吃惊的是，妻子支持这件事。她鼓励他去做，告诉他，如果不去尝试，他余生都会为此后悔的。她的反应让他找不到任何借口——他知道自己必须采取行动。使用“旋涡”几周后，罗伊发现了一种出自本能的勇气，让他敢于想象一种与被困住的生活截然不同的生活的可能性。

“旋涡”帮助你跨过创意障碍。

我们与宇宙中其他生物的不同之处在于，我们有能力为自己的问题找到创造性的解决方案。然而，有时候，创造的过程似乎抛弃了我们。这种情况发生在每个人身上——从小说家到父母，到小企业主，到销售人员，到高中生运动员。这些时刻，他们的头脑突然一片空白：一个作家可能会说他们“卡住了”，一个演员会说他们“僵住了”。这些都是相同经历的不同版本：构成创造过程的想法和见解的流动被阻断了。这是X部分在起作用。它使你的想法和本能受到严厉的评判，你失去了所有的信心。不管你是在评判自己，还是想象别人在评判你，都无关紧要。语言不能把你从这种状态中解放出来，你需要能量。这意味着使用“旋涡”——它无限的创造力可以克服X部分给你设置的任何障碍。

玛尔塔是一位认真研究哲学和灵性的学生。这是她的热情所在。作为一个深刻的思考者，她有许多挑衅性的想法。但是，当她想要以书面或宣讲的形式向他人表达这些想法时，X部分会攻击她说，她的想法很愚蠢，如果发布它们，她就会出丑。正因如此，她把这些想法藏在心里，其他人不知道它们有多么深刻和新颖。

她参加社区教会已有多年。每月有一个周日，教会的一名成员会应邀去布道。玛尔塔拒绝了好几次邀请。一个周三的早晨，牧师打电话给她，请她帮个忙。他要去乡下，而那个周日的演讲嘉宾刚刚退出了。他想知道玛尔塔是否愿意去布道。一想到要组织想法并满怀激情地把它们表达出来，她就感到一阵熟悉的恐惧，但在牧师的鼓励下，她决定接受挑战。

她一坐下来写作，最害怕的事情就发生了。她的脑子里没有涌出正常、丰富的想法，而是一片空白。她觉得自己不可能进入她所习惯的那种富有创造力、充满激情的状态——就好像她与自己的某个部分失去了联系。她能够使用“旋涡”来恢复那种联系。它给了她能量，让她可以重新接通生命力量，奋力闯过X部分在她前行的道路上设置的障碍。它也给了她站在教堂会众面前布道的信心。

总结

X部分是如何攻击你的：

它让你不堪重负、精疲力竭，让你觉得保存精力的唯一方法就是不再努力满足生活的要求。

这是怎么让你失去活力的：

生命的能量来自满足而非无视生活的要求。X部分让你撤退的次数越多，你的精力越不济，你越相信有进一步撤退的必要。你的生活没有扩张，反而收缩了。

X部分如何诱使你屈服：

它使你相信你的能量是有限的，所以当你感到精疲力竭时，你不会努力寻找其他能量来源。精力耗尽成了一个终点，就像死亡一样。

解决办法：

“旋涡”能让你挖掘出无限的能量，即便当你觉得自己做不到时，它也会给予你继续满足生活的要求的力量。

05

工具：母亲

巴里向你展示了如何塑造自己的韧性，这样无论被生活击倒多少次，你都能重新站起来。工具“母亲”给了你乐观的心态，支撑你度过挫折和失败，使你能够追寻自己的梦想。

安，一位迷人的30多岁的女性，吃力地走进我的办公室，陷进了沙发里。她脸色苍白，显然在与自己的情绪做斗争。我问她怎么了。

她翻了翻眼睛，伸手去拿纸巾。“我告诉自己不要再哭了，但似乎停不下来。”

“发生了什么事？”

“我的又一段感情失败了。这种事已经发生过100万次了——你大约以为我现在已经习惯了吧。”她努力露出微笑。

“每次分手都让你这么难受吗？”

“不是。”她强忍住泪水，“我总是能在几个星期内振作起来。但我觉得我永远都无法真正走出这一段。这是我经历过的最好的一段感情，而我们俩都离开了。”

正如我们谈到的，很明显，安只有在恋爱时才会觉得自己充满活力——没有恋爱，生活就会变得苍白和空虚。“我一直想要的，真的，就是找到那个对的人，被他爱着。”

我问她对爱的追寻可以回溯到多久以前。她想了一会儿。

“我想这种情况是从我爸爸开始的。”事实上，他们之间全部的关系就是安为了让父亲注意到她所做的一系列失败的尝试。他是个英俊的、有魅力的人物，每天晚上都在附近的酒吧设局，用无穷无尽的故事逗他的朋友们开心。“我的活儿很糟糕，就是结束派对，把他拖回家。我总是想象他会很高兴见到我，但从来没有。他会举起啤酒杯，跟我开个玩笑，比如，‘亲爱的，街区那头有个空游泳池。你为什么不去练练潜水呢？’他的伙伴们会哄堂大笑。在回家的路上，我会哭，但他从未注意到。”

有时，安感到很沮丧，她会掉进一个黑洞，待在房间里闷闷不乐，拒绝和任何人说话。她唯一知道的摆脱这种情况的办法就是幻想。“我想象着他带我出去吃顿特别的晚餐，看着我的眼睛，对我表现出真正的兴趣。”这种幻想促使她付出更多努力。她尝试凭借她的足球知识给他留下深刻印象，在门口用他最喜欢的饮料迎接他，听他讲笑话时笑得最大声。

这从未奏效。但在她离开家后，这种模式仍在继续。她养成了一种慷慨大度的性格，为了让男人爱上她，她几乎愿意做任何事情。她最早认真交往过的男友之一想成为音乐家。当他抱怨日常工作没有给他留下足够的时间写歌时，她干两份工作来养活他们俩。男友则利用新得到的空闲时间和尽可能多的女人上床。“当我质问他时，他说这是我的错，我在工作上花了太多时间。然后他把我甩了。”

安很天真，但并不软弱。一段关系结束时，她会沮丧一阵子。之后她会振作起来，发誓要追求更好的人。她与那位音乐家的故事的后续正是如此。“回头看，我意识到他的目标是搭便车——他甚至都不愿为食品杂货付钱。就在那时，我决定永远不要和不愿自己掏钱的人约会。我立刻感觉好些了。”

从那以后，她的约会对象都经济独立。但事实证明，生活比她预想的要复杂得多。她交往过好几个非常独立的男人，但他们不想成为她生活的一部分。“一个家伙会带我去城里最贵的餐馆，但不愿踏进我的公寓。我几次把他介绍给我最好的朋友，他却懒得记住她的名字。我很有耐心，希望他最终能推倒这堵墙。可相反，他和我分手了。”

“那种绝望的感觉又回来了吗？”

“是的。有一段时间，我能做的就是闷闷不乐地到处闲逛，看浪漫喜剧片，对朋友发牢骚。但后来我意识到，上一个家伙比起懒鬼音乐家有很大的提升。我还没有淘到金子，但感觉我离得越来越近了。”

然后她遇到了卢克，他很快成为她的主焦点。他似乎拥有一切：雄心勃勃、事业有成，也真心地想成为她生活的一部分。“我们每晚都在一起。他想见我的朋友，甚至记得他们所有人的名字。那是一段神奇的时光，每天都让我感到新鲜和兴奋。”

但渐渐地，兴奋消退了。“过了一段时间，我开始感到失望，‘这并没有我想象的那么好’。我记得我坐在办公桌前，计划下班后去见他，然后意识到他似乎不再特别了。我也可以和其他任何人约会。”

从那时起事情变得更糟了。他身上的一些小事开始激怒她——他的气味，他吃东西时发出的声音。当他拥抱她时，她想躲开。“事情一直在恶化，而我不知道怎么阻止。他感觉到有些不对劲儿，当我告诉他真相时，他说他感受到的魔力也逐渐消失了。所以我们分手了。”她又哭了起来。“我一直认为这只是找到真命天子的问题。而我最终找到了他，却还是没成功。现在很清楚了：我将孤独终老。”

问题：虚假的希望

安感到绝望，我同情她的痛苦。但我也认为分手对她来说是最好的事情。当我告诉她这一点时，我能看出她想要相信我。但失败和失去的感觉太打击人了。“我拒绝了第一个真正爱我的男人，而你告诉我这是发生在我身上的最好的事情？”

“这是你能接受事实的唯一方式：你在寻找的不仅仅是一段感情——你在寻找魔力。你现在就可以了解一下。闭上眼睛，回到你发现卢克令人失望的那一刻。缺少了什么？”

“我希望生活就像我第一次见到他时那样令人兴奋。”

这是个完美的答案——完美地揭示了安的问题。她想从卢克那里得到的不只是一段恋爱关系。她在寻找一个神奇的、针对一切阴暗情绪的解决方案，而这些情绪是我们每个人时不时都要面对的。她希望卢克让她的生活充满灵感和刺激，让她远离无聊和孤独。从本质上讲，安想生活在浪漫爱情电影的最后一幕中，音乐响起，女主角与她的理想伴侣手牵着手走向夕阳。她希望那一刻永远持续下去。

在现实生活中，那个完美的时刻只是一瞬间——它不会持续下去。女主角余生会经历失望和黑暗的时刻。她能挺过去，但必须为之努力。世界上最好的关系也不能为她做到这些。

安很聪明，且在意识层面知晓这一切。然而，她一直在寻找真命天子的事实揭示了，X 部分正从潜意识深处控制着她。对 X 部分来说，真命天子并非指想和她分享生活的人。它意味着某人有能力把她从她自己需要应对的困境中拯救出来。那个人对任何人来说都不存在。

为什么 X 部分会鼓励安把一生都花在追逐海市蜃楼上？因为这种徒劳的搜寻只能以两种方式结束，而这两种都很悲惨。要么她过上了一种虽无限向往但从未找到她渴望的那种爱的生活，要么她得到了她想要的，但那不会改变任何事情。在内心，她仍然不快乐。后者就是她和卢克在一起后发生的事。

公平地说，这是个绝妙的计划。但幸运的是，它有一个缺陷，这就是为什么我告诉安分手是可能发生的最好的事情。就像安发现，即使是“对的人”也不能在黑暗的时刻拯救她，这远比浪费生命去寻找，却从未在彩虹尽头找到一罐金子要好得多。现在她可以停止寻找一个不可能实现的梦，同时学习如何让自己快乐。

虚假希望的诱惑

希望出现一个有魔力的人或事物，能将你从为自己创造幸福的辛劳中解救出来，这是人的天性。X 部分利用了人类的懒惰。

它拿走了你对良好的情感关系、优秀的孩子或赚钱的职业的有意识的期待，并将其转化为对魔力的无意识的期待。然后，当你未得到你想要的东西时，X 部分会让你被强烈的失望淹没。

这个有魔力的愿望有个名字——虚假的希望。你没有意识到你的虚假希望，它们就像隐藏的病毒一样埋在你的潜意识里。只有当你得到你有意识地希望得到的东西，最终却感到失望和沮丧时，你才会发现它们。

作为治疗师，我们总是能看到这些显著的反应。一位企业家赚了数百万美元，但 9 个月后，他觉得自己所做的一切都毫无意义。一名学生以优异的成绩从一所顶尖学校毕业，但很快就感到失去了方向。一个有生育问题的女人看了很多医生，直到最终怀孕，但在孩子出生后，她陷入了产后抑郁。所有这些人的共同点是，他们无意识地希望得到一张通往幸福的单程票，却以得到一张通往痛苦的单程票而告终。

当虚假的希望破灭时，你所遭受的痛苦是非同一般的。它不只是悲伤或失望，它是一种弥漫开来的黑暗，笼罩着你生活的每个部分，或者是一个幽深的洞穴，你觉得你不可能从里面爬出来。

在人生的某些节点，你也有过这种感觉。每个人都有。但奇怪的是，一旦我们从痛苦中恢复过来，就会倾向于忘记它有多糟糕。X 部分有意为之：如果它可以抹去你对曾经坠入的黑洞的记忆，你未来就更有可能再次坠入。我们想提醒你这种经历是什么感觉，下次你就能做好准备更快地爬出来。这就是下一个练习的目的。先通读一遍，当你觉得你知道该怎么做了，就闭上眼睛试试：

选择一个时刻，你真正想要某个东西却没有成功，你感到沮丧和绝望。你也许失去了你爱的某人，期待已久的机会落空了，或者是任何其他类型的失败。

尽你所能生动地重现记忆，就像它正在发生一样。研究你内心的感受。尤其是，这次挫折是否改变了你对于在未来获得想要的东西的期待？

当你掉进黑洞时，首先受到影响的事情之一是你对未来的态度。你确定自己将永远得不到想要的东西。这就是为什么安如此确信她余生将在孤独中度过。这不是意外。通过关闭对未来的所有希望，X 部分可以摧毁你当下做任何事情的动力。第一次来见我时，安已经在床上躺了一整个周末。未读邮件积了不少，她没有精力回电话和邮件。当我问她为什么不处理这些事情时，她给出了一个典型的对未来失去信心的人的回答："何必麻烦呢？"

代价：自暴自弃的杀戮

就像机会性感染一样，"何必麻烦"的态度感染了一切。问题没有解决。你很难意识到你的机会来了，更不用说精力充沛地追求它们了。如果你确信未来是暗淡的，你现在所做的事情无论如何不会有任何意义，那为什么还要去做呢？

在极端情况下，这种不受限制的悲观情绪可能是致命的。仅在美国，每年就有 4 万多人自杀。X 部分让他们相信，他们所感受到的绝望无法补救——死亡似乎是唯一的出路。

在不那么极端的情况下，X 部分满足于我们在前文描述的“活着的死亡”。它确信你没有未来，也许你能起床去上班，但只是做做样子。你不可能像你想成为的那样富有创造力和生产力。这种情况如果持续下去，你会开始觉得自己毫无价值。最终，你甚至很难让自己去做那些通常能给你带来快乐的事情。没有目标感，你只是存在，而不是真正活着。

但自暴自弃不仅仅是从内心摧毁你，它也会对你与家人和朋友的关系产生巨大影响。许多掉进这个黑洞的人往往会退缩，因为不想成为“负担”而与他人隔绝。这使他们无法获得由其他人提供的爱、鼓励和观点。另一些人则很快就使他们的支持来源疏远了，因为他们说的全是自己感到多么绝望，对此却什么也没做。不管怎样，X 部分通过孤立他们——破坏其关系，增加其绝望感——取得了胜利。

让我们泄气的谎言

考虑到我们停留在这个黑暗的地方所付出的沉重代价，你会认为，我们将尽自己所能尽快逃离这里。但我们没有。有 3 种方法可以帮助陷入抑郁的人：（1）坚持锻炼；（2）与他人保持联系（获得支持，也给予支持）；（3）参与一些对他们有意义的活动——一项爱好、一个创意项目、一次教育进修，或者其他任何能给他们带来快乐的事情。

这些方法之所以有效，是因为它们能让你的身体再次动起来，精力也流动起来。但令人惊讶的是，大多数人都拒绝了。为什么？答案很简单：如果你动了，你会开始感到生命在你体内萌动，而X部分是生命的敌人。一旦把你丢进这个黑洞，它的任务就是让你留在那里，处于一种模拟真实死亡的静止状态。回到前一项练习，重新制造自暴自弃的感觉。如果你沉浸在这种感觉里的时间足够长，你会看到——真的开始感觉到好像你的生活已经停滞了。

在意识层面，你会为不能做某事找借口："我没有精。""没人想听我抱怨。""我的爱好没有任何价值。"但在无意识层面，真正发生的是X部分让你确信，虚假希望的破灭实际上已经杀死了你，且没有办法恢复。换句话说，你已经死了，所以你也不必尝试了。

这是一个可耻的、毁灭生命的谎言。绝望不是永久的，你可以恢复过来。不仅如此，通过学习自我复苏，你会发现通往更有意义、更鼓舞人心的生活的道路。这并不意味着X部分会放弃；只要有机会，它就会让挫败感淹没你。但是，一个人一次又一次练习恢复，就会获得一种新的信心。它不是基于永远不再感觉糟糕的幻想，而是基于快速果断地把自己从这些感觉中拉出来的经验。

要获得这种新的自信，第一步就是接受一个棘手的事实。情绪低落时，你倾向于将其归咎于触发情绪的任何事物。这就是为什么安如此纠结于和卢克的分手。但事实是：我们绝望是因为我们在情感上不负责任。

这意味着什么？以安为例。她不是那种你会认为不负责任的人。通常情况下，她慷慨、热情。为了维系感情，她付出了无尽的努力。但有一件事她从未为之负责：她自己的情绪。当一个人一切进展顺利时，他的情绪会上升，当进展不顺利时，则会下降。在感情上，她就像是一个牵线木偶。

你的首要情感责任是，不管周围发生了什么，都让自己保持积极的状态。相反，我们大多数人都做了安所做的——允许自己的内在状态为外在事物所操控。上一次销售演示顺利吗？你的孩子今天表现好吗？刚刚有人夸赞你了吗？让这些事情决定你的情绪，就像在沙滩上盖房子。

为了打造一个牢固的情感基础，你必须控制自己的情绪。我们大多数人都不知道如何做到这一点。安的反应很典型："控制自己的情绪？早上我几乎都起不了床。"

安认为这不可能并不奇怪。在她整个人生中，她放弃了对自己情绪起伏的控制。找到"对的"男人的幻想就像毒品一样，每当她情绪低落时，就会来拯救她。但真正遇到那个男人时，他没有对她产生她所期望的影响，所以她崩溃了。安能拯救自己的唯一方法就是学会从内心调节自己的情感生活，不依赖于男人或其他任何东西。

我们都有能力做到这一点。无论身处何种环境，对于生活，我们都能产生充满热情和创造力的感受。不幸的是，我们很难发现这一点，直到失败迫使我们向内看。

内在的“母亲”

但“向内看”是什么意思？瑞士精神病学家卡尔·荣格是最早探索内在世界的向导之一。大约100年前，他研究了出现在梦境、艺术和神话中的潜意识的语言。荣格认为，出现的这些图像和故事是他称之为原型的无形力量的产物。许多原型代表了你从不知道自己拥有的内在资源。其中最普遍也最容易让人联想到的原型之一是“母亲”的原型。

原型“母亲”是宇宙中绝对的爱和支持的源泉。她爱我们每个人，并希望我们发挥出自己最大的潜力。如果你看过一个人类母亲会为婴儿做什么，这是最容易理解的。当婴儿饿了，她就喂他们；累了，就哄他们入睡；冷了，就温暖他们。在本质上，人类母亲消除了影响孩子持续成长的身体威胁。

原型“母亲”在成年人的生活中扮演着同样的角色，但她消除的威胁不是身体上的，而是情感上的。阻止大多数成年人在情感上成长的是自暴自弃。我们放弃自我，对自己的未来失去信心。

“母亲”之所以成为如此宝贵的资源，是因为她从不对我们失去信心；她能看到最好的东西，即使我们对此视而不见。凭借着绝对可靠的乐观，当我们被打倒时，她有能力让我们重新站起来。在前一章中，你了解到身体是有限的——它需要外界注入的能量。在本章中，需要帮助的是你的心灵。当希望破灭时，你需要别的东西来注入乐观，那个东西就是“母亲”。当作家和政治家约翰·沃尔夫冈·冯·歌德写下“黑夜用愈来愈深的宁静笼罩着我，我的内心却散发出耀眼的光芒”时，他在召唤“母亲”。她让你重拾对未来的信心，不是通过承诺，而是通过提升你现在的情绪。

如果这是自动发生的就好了，但情况并非如此。事实上，这需要很多努力。因为在你没有意识到的情况下，X 部分已经在训练你拒绝“母亲”的帮助。每一个虚假希望——一段感情、一堆钱、一个进入常春藤盟校的孩子——背后都是这样一种信念：一旦希望实现，你将再也不必调节自己的情绪，再也不需要“母亲”这个工具。不知不觉中，在生命的大部分时间里，你把赌注押在了实现你的虚假希望上，而不是与她建立关系。这就是为什么当人们的虚假希望破灭时，他们会感到丧失了内在的资源。他们从没想过自己会需要“母亲”。

接受她的爱，无论现在还是余生，无论事情对你来说是好是坏，你都必须承认你需要她。她永远不会拒绝你，但你必须像一个负责任的成年人那样对待她。这意味着你不能依靠任何外在于你的东西，一个人、一笔财产或一场活动，来保持创造力和热情。你得对自己的情绪负全责，知道生活会继续挑战你。“母亲”不会消除这些挑战，她给予你源源不断的积极能量去面对它们。

当我向安描述“母亲”时，她的反应和大多数病人一样。“很多时候，我相信有某种能量比我自己更强大。但当我跌落到这么深的地方，我什么都看不见了，甚至不知道我相信什么。”

我的回答很简单。“你不必相信它的存在。你要做的就是使用这个工具，看看会发生什么。”

工具：母亲

为了学习如何恰当地使用这个工具，你需要以一种全新的方式来体验你的问题。如果你自暴自弃，通常是因为，关于你自己或你的生活，你得出了一个消极的结论。对安来说，这个结论是“我将孤独终老”。对大多数人来说，它更宽泛：“我永远不会取得任何成功。”“我是个失败者。”“没有必要去尝试。”

X 部分想让这些结论尽可能地全面；它们覆盖你的生活越多，你就会越沮丧。出于同样的原因，它试图让这些结论听起来像是无可辩驳的真理。X 部分极其擅长模仿一位无所不知的神，从高处发表最后的判决。我们感觉自己赤身裸体、毫无防备，很快就屈服于一个念头：X 部分暴露了我们的真实情况。

从逻辑上讲，这没有任何意义。没人能知道他们在自己的人生中可以取得什么样的成就，尤其是在生命走到终点之前。我就是一个很好的例子。我在前文提到过，当我步入而立之年时，我认为自己是个失败者。如果我屈服于 X 部分提供的“真相”，我就不会去尝试，更别说成功地实现我的目标了。

从逻辑上挑战这些消极结论几乎是不可能的。在 X 部分的力量的支持下，它们压倒了理性思考。但它们可以被颠覆。秘诀是转换视角，从“母亲”的角度来看待你的问题。X 部分的结论对她来说没有可信度。她甚至没在听。她看到了一些更简单的东西：消极的想法和感觉，无论其具体内容如何，都是处在你和她之间的一种黑暗物质。它们阻止她接近你，将乐观注入你体内。

像她那样，将你自己的消极情绪视作一种物质，这是让她回来的第一步。起初，这可能看起来有些古怪，但我们希望它成为你的第二天性。这就是下一个练习的目的。在尝试之前，你先把它通读一遍：

> 重现你在之前的练习中感受到的沮丧和绝望。闭上眼睛，听听你关于你自己和你的未来的结论："我永远不会从生活中得到我想要的""我是个失败者"，等等。感受这些正在压垮你并毁掉你生活的结论之沉重。
>
> 现在忘掉这些结论，把沉重想象成一种压迫性的物质。别思考，只需注意这种物质的样子。对大多数人来说，它就像是一摊沉重的黑色淤泥。
>
> 不管那种物质看起来像什么，想象它是阻止你前行的障碍。感觉它是如何让恢复变得不可能的。

当我带安做这个练习时，她对发生的事感到惊讶。"我立刻看到了黑色的东西。这让我感觉好点儿了。我突然意识到它和我是分离的。"

我们看到一个又一个病人有同样的反应。通过得出一个消极的结论并一遍又一遍地重复它，你实际上是抓住它不放，把它藏在内心。但当你把它视为一种物质时，一切都变了。现在这些想法和感觉不再在你头脑中扎根。你和这种物质之间有一定的距离，它对你的影响力变小了。

现在你为下一步做好了准备。"母亲"最深切的愿望就是把这摊有毒的黑色淤泥从你的系统里清除出去。你可以用你将要学习的工具来实现这一目标，让自己停止自暴自弃。但首先你得在脑海中想象“母亲”的形象。

“母亲”对每个人展现出不同的样子，所以别认为有一种看待她的“正确”方式。一些指导原则可以帮助你想象她。首先，她不应该看起来像你现实生活中的母亲，或者任何你认识的人。她来自更高的精神世界，与你生活中的任何个体都没有关系。

在想象“母亲”时，最重要的一点是：她是爱的化身。十足沉静，散发着光和温暖。我的一些病人把她想象成宗教人物，比如圣母马利亚，或者希腊爱神阿佛洛狄忒；另一些人则把她想象成天使。就个人而言，因为我不太擅长想象，我实际上并没有“看到”她；我感到她充满爱意的存在围绕着我，直抵我的内心。

试试下面的练习——如果有必要，可以重复几次——找到你自己的“母亲”的形象或感觉：

> 闭上眼睛，重现你在第一个练习中感受到的沮丧和绝望。然后，把它转变成一种物质，就像你在第二个练习中所做的那样。
>
> 想象一个慈爱的“母亲”的形象在距你头顶一小段距离处徘徊。她洋溢着爱、光明和温暖。她看起来是什么样？在她面前感觉如何？
>
> 把这段对“母亲”的体验铭刻在你的记忆中，当你学习这个工具时就可以使用它。

我们经常发现，仅仅是看见“母亲”，就会让一个自暴自弃的人感到他们并不孤单。但“母亲”不只是想陪伴你，她想通过消除横亘在你前行道路上的自暴自弃来让你意识到自身的巨大潜力。她不会强迫你把这种消极的感受交给她——你必须自愿上交。一旦你这样做了，她就有能力把它转化为你需要的东西：对你的潜力的不可动摇的信心。这就是这个工具的作用。

现在，让我们来总结一下。你会在感到崩溃和绝望时使用这个工具，所以现在请你重现那些感觉。它们是使用这个工具的起点。然后慢慢地完成以下步骤，花时间去感受每一步。

母亲

把你的消极想法转变成有毒物质：尽可能强烈地去感受自暴自弃的感觉。聚焦于它的沉重，仿佛它是一种会将你压垮的物质。生动地想象那种物质，直到你脑海中自暴自弃的想法和感觉消失。

“母亲”出现：看见徘徊于你上方的“母亲”。相信她有能力带走那种你难以摆脱的黑暗且沉重的物质。放开它。“母亲”让它脱离你的身体上升，仿佛它轻若无物。看着它升起，直至触及她；她吸收了它，它消失了。

感受她的爱：现在，感觉她在注视着你，目光中流露出对你绝对的信心。从未有过其他人像她这样毫无保留地信任你。她用不可动摇的信念填满你，一切变得皆有可能。

怎样以及何时使用“母亲”

“母亲”这个工具非常易于使用。这里有一些建议，可以帮助你充分利用它。

第一个建议与速度有关。自暴自弃就像一块从陡峭的山坡上滚下来的巨石。秘诀是在它开始滚动的那一刻就阻止它，这样你才能预防它加速。等它滚到半山腰时，冲力变得很大，要阻止它得费不少力气。最好养成习惯，一产生消极的想法和感觉就使用“母亲”。

举个例子，假设你在工作中得到一个差评，你的第一个想法是，“我将永远一事无成”。你的下一步是什么？梳理考评所依凭的所有证据？试着回忆你受到表扬的时刻？打电话给朋友抱怨你的老板？以上都不是正确答案。当你产生消极想法的那一刻，你要做的就是把它转变成一种物质，提供给“母亲”。记住，你有责任让自己保持积极的状态，对引发消极状态的想法或事件发表评论并不能帮你做到这一点，而立即使用这个工具则可以。

这需要很多训练。不可避免地，有时你会忘记使用工具，滑进陷阱。那并不意味着你必须一直待在那里。它只是意味着你必须一遍又一遍地重复使用这个工具，直到黑暗情绪过去。那需要信心，因为当你的情绪真的很低落时，你可能不会立即得到缓解。但无论发生了什么，使用工具都比沉浸在绝望中要好。记住，你在和 X 部分战斗，如果不反击，你就输了。我曾经治疗过一些重度抑郁的病人，他们不得不每天使用这个工具 30 次。他们中没有一个人后悔。

当安开始接受治疗时，她已经准备好尝试任何事。我第一次引导她使用工具，睁开眼睛时，她泪如泉涌，但这次是宽慰的泪水。“我不知道我是否相信这些，但看到‘母亲’对我的信任，我受到了鼓舞。”安每天都坚持使用好几次这个工具。最初，它只能让她获得暂时的解脱。但她一直在尝试，一周后，她注意到自己不再那么沮丧，更能照顾自己了。几周之后，她觉得她更像以前的自己了。“我和一个很有趣的朋友一起出去吃午饭，吃到一半，我听见有人在大笑。一秒钟后我意识到那个人是我。”

在虚假的希望摧毁你之前摧毁它

安已经可以持续消除自暴自弃的情绪了。她回归了生活，享受友情和聚会，但她还有另一个障碍要克服。它出现在一位新的男士邀请她出去约会时。那一瞬间，她曾经的绝望又回来了。“我的第一个想法是‘没门！’我再也不想坐过山车了。”

她的反应可以理解。希望升起，然后破灭，一遍又一遍，这是毁灭性的。大多数人都放弃了。他们不再试图把梦想变成现实。对安来说，那意味着屈服于一种毫无浪漫可言的生活。对其他人来说，这可能意味着放弃一个创造性的追求或一次商业冒险。通常，人们会辩解说，他们只是“现实了一点儿”，但事实是，他们向 X 部分投降了。

答案不是放弃你的野心，而是以一种全新的方式去追求它们：你的情绪不能取决于它们的成功或失败。安已经走到半路了。她学会了在一段关系结束时如何让自己摆脱绝望的情绪。但她仍然需要学习在一段关系开始时如何打消虚假的希望。虚假的希望就像幽灵，用作家弗吉尼亚·伍尔夫的话来说，“谋杀幽灵远比谋杀现实困难”。

第一步是学会识别虚假的希望。我劝她带着截然不同的议程重新开始约会。“甚至别把它想成是一次约会。把它看作一个机会，研究 X 部分如何让膨胀的期望淹没你的大脑。”

第一次约会后，她向我汇报了情况。“我给他回了电话，他开口的那一刻，我就开始展望未来：‘听起来不错……我想知道他能否成为那个对的人！’晚饭时，我发现自己在想象他穿结婚礼服的样子。吃甜点时，我确信他会成为一个好父亲。”

安习惯了应对阴暗、压抑的想法，但这些过热的、兴奋的想法同样危险。它们是 X 部分引诱她回到虚假希望中的花招。对安来说，下一步就是针对这些想法做她曾对自暴自弃的想法做过的事：把它们转化成一种物质。当我让她闭上眼睛这样做时，她说这些想法就像拉斯韦加斯赌场里花哨炫目的灯光。我解释说，它们就像自暴自弃的情绪变成的黑色淤泥一样，是她和“母亲”之间的障碍。两者都阻碍了“母亲”帮助她保持平衡。我指导安，每当她对一段关系的前景感到过于兴奋时，就使用“母亲”这个工具。

但摧毁虚假的希望并非易事，那就像从你最喜欢的一碗糖果前走开一样。安又和同一个人约会了几次。再来见我的时候，她说起他，就好像他是上帝给她的礼物。“他长得那么好看，我的朋友们都很喜欢他，你不会相信——我俩喜欢同一种音乐！”

“让我猜猜，”我说，“你没使用那个工具。”

有一瞬间，她像是受到了惊吓。“哦，你说的是‘母亲’。好吧，拜托！一些无害的幻想有什么错？它们让我感觉很好，尤其是在我变得那么抑郁之后！”

作为一名治疗师，我发现这种交流非常令人不安。这就好像病人忘记了他们学到的一切——它们被一笔勾销了。在安的例子中，X 部分再次给她洗脑，让她相信男人就是那个答案。我并不享受把人吓回现实，但当我知道这些虚假的希望最终会破灭时，与 X 部分勾结让我感觉更糟。所以我对安很严厉。

“你在开什么玩笑？”我说。她睁大眼睛看着我。我接着说道：“安，当初让你来到这里的‘无害的幻想’是，卢克会让你的生活一直保持令人兴奋的状态。你自暴自弃，以至于几乎下不了床！你忘了那个教训吗？如果你用幻想来提升情绪，在某一时刻，现实会让它崩溃。你真的想再经历一次吗？”

我探过身去，语气柔和了些。“来吧。你知道这不会有好结局。要么这家伙突然停止给你打电话，你开始抑郁；要么你进入一段感情，到了第六个月时，你发现你仍旧有责任调节自己的情绪，你开始抑郁。”

她点点头。她不能不同意。

“在你的余生中，每次你对一段关系——和这个人或是其他任何人——过于兴奋时，我希望你都能虔诚地使用‘母亲’这个工具。”

受到批评后，安听从了我的指导。她继续和不同的男人约会，发现自己以一种全新的方式与他们每个人建立了联系。她生平第一次可以坐下来享受了解一个人的过程，而不是痴迷于弄清楚他是不是那个“对的人”。

最终，安发现自己被一个特别的男人吸引住了。他们自然、简单地开展关系——两个人彼此靠近却不需要保证关系的走向。他们在一起几个月后，安发现自己感觉有点儿无聊了，就像她和卢克一样。但这一次，她使用了“母亲”。她没有萎靡不振，甚至没有特别重视这件事。“那感觉就像一段关系中正常的起落。我想我们会度过这个阶段。即使关系结束了，我仍然对我的生活感到满意。”

“母亲”的礼物

就像人类的母亲一样，原型“母亲”也会生育。但她不是生孩子。她使安在自身之中发现的无价品质苏醒过来，这种品质即不可动摇的乐观。安选择采取何种行动不再取决于她在恋爱中还是已分手，她已经在“母亲”坚定不移的爱中找到了自己的根。

这就是“母亲”这个工具如此有效的原因：当看到“母亲”对你绝对信任时，你身上充满了一种全新的希望。

充满希望不是基于一个未来的结果。它是一种对未来的积极态度——不知道它会带来什么。这似乎是一个陌生的概念，但你已经体验过了。孩提时，你在新的一天醒来后迫不及待地跑出去玩，你还记得那是什么样的感觉吗？你没有具体的希望或期望，你充满了活着的兴奋。

孩子们有这种热情是因为 X 部分还没有追上他们。不知不觉中，他们充满了“母亲”的爱。随着我们长大成人，我们的任务是关注外在世界，学习如何进食、穿衣、为自己建居所，以及与他人交往。X 部分让我们相信，有一种神奇的东西能确保我们有一个光明的未来且永远快乐，以此来利用我们这种向外的倾向。对安来说，那个神奇的东西就是情感关系。对你来说，它可能是有一个在合适的学校上学的孩子或售出一个成功的剧本。不管它是什么，它总是无法给你你想要的东西。这就是虚假希望的“虚假”之处。

充满希望是真正的希望。不管未来会发生什么，它都支持着你。20 世纪 30 年代，德国新教运动认信教会用下面这句格言激励人们保持希望，不屈不挠抵抗纳粹：“即使知道明天就是世界末日，今天我仍然要种下一棵苹果树。”这是一则无视绝望的宣言，即使周围的一切似乎都即将崩溃，我也会选择满怀希望。

但“母亲”并不只是帮助你对未来抱有健康的态度。她还帮助你对其他人抱有更好的态度。“母亲”通过不断地看到你身上最好的部分，帮助你看到其他人身上最好的部分，即使那人是你生活中最难相处的一位。这种善意是每一段关系的命脉。当你看到一个没有经验的员工身上的潜力时，你可以更有效地帮助她获得需要的技能。当你与一位死板的官僚打交道时，你可以想着他也是“母亲”的孩子，更有可能找到一种消解他的固执的方法。

这在家庭中尤其重要。传统的心理学执着于过去，倾向于把我们所有的困难都归咎于父母。正如你在第 2 章了解到的，我被诱导着将我无处不在的失败感归咎于我的母亲。当我与原型“母亲”建立了真正的联系，感到她充满信心地注视着我，我开始以一种更平衡的方式看待我的母亲。我能欣赏她的优点，同时也能原谅她的不足之处。

一段时间后，你和“母亲”的联系改变了某种更深刻的东西：你对自己的感觉。如果你还在继续被父母做错的事情定义，你永远不会像个真正的成年人。只有当原型“母亲”取代父母——以及其他所有人——成为你的身份来源时，你才真正在情感上成为一个成年人。

迄今为止，“母亲”给我们的最大的礼物是复原力。复原力是一个人能拥有的最重要的品质之一。生活不可避免地会将你撞倒——你可能不得不面对离婚、失业或者所爱之人的死亡。如果你爬不起来，你的生命将会萎缩。这就是复原力的用途所在。它是一种让你快速振作并继续拓展的能力。

我们都知道，有些人在面对巨大的逆境时，会表现出不可思议的坚韧，但复原力并不是魔法。它是一种特殊的创造力的结果，这是一种从绝望中创造希望的力量。通常，想到创造力时，我们想到的是发生在外在世界的活动，比如画画、养育孩子，或者创业。复原力要求一种更原始的创造力——它发生在你的内心世界。不管你现在面对的是什么，它让你对未来充满希望。

这种创造力有其矛盾之处。事情进展顺利时，你学不会；外在世界令你失望时（画作卖不出去，孩子有毒品问题，生意失败），你才能学会。奇怪的事实是，除非你被打倒在地，否则你无法学会怎样爬起来。我们的社会对此毫无帮助。它只重视成功，不重视失败。但每个母亲都知道，失败是成长必不可少的一部分，为了学会如何走路，她的孩子必须跌倒。同样，原型“母亲”知道你必须先自暴自弃，才能拥有终极力量——复原力。

灵魂的循环

关于复原力，安学到了很多。她和卢克的分手并不像她预想的那样是个死胡同。事实上，这使她的生活得到了拓展。她最终结了婚，组建了家庭。他们经历了有孩子的已婚夫妇正常的起起落落，但安仍旧经常使用“母亲”这个工具，以防 X 部分用绝望来接管和淹没她。

她的事业也经历了一次复兴。作为一名小学教师，她擅长在课堂上帮助有学习障碍的孩子。现在，带着恢复的信心，她申请并获得了升职。她现在为全州各地的学区提供咨询。用“母亲”与自暴自弃做斗争在各个方面提高了她的生命力量。

所以，你能想象，几年后，当她再次陷入抑郁时，她有多么惊讶。来见我时，她看上去就像我们第一次见面时那样失魂落魄。我问她怎么了，她解释说她父亲突然死于心脏病发作。父母的去世常常会粉碎我们秘密坚持的任何虚假的希望——他或她最终会为我们取得的成就感到自豪，为过去的错误道歉，或第一次说“我爱你”。“我知道这很疯狂，但我想我仍然抱有希望，他会为我取得的成就感到高兴，或者至少会承认这一点。他死后，我意识到这永远不会发生。”

“你使用了‘母亲’吗？”

“是的，它很有用。但有些事我不明白。我比第一次见到你时坚强多了。为什么我还要重新体验这些可怕的感觉？”

这个问题的答案揭示了生命力量的一个深刻的秘密。我们都希望它能直线增长，就像我们在电子游戏中的熟练度一样。你达到了某个水平，提升至下一个，然后继续向上。随着时间的推移，你将永远不必回到以前的水平。依据这一概念，安与因卢克而起的自暴自弃做了斗争，就再也不必陷入另一段抑郁中。

以下是生命力量的线性观念的示意图：

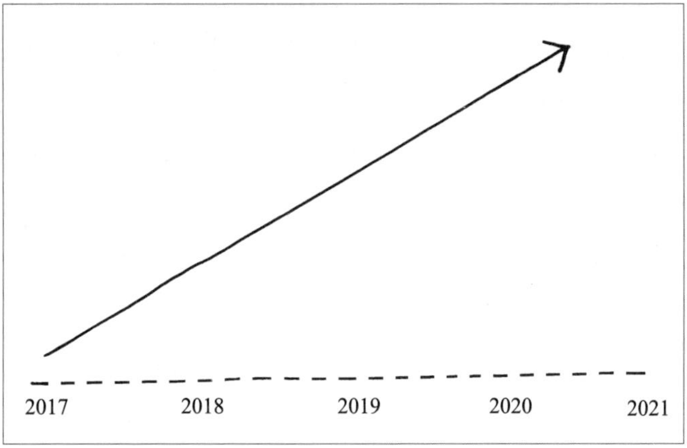

但这并不是生活实际运作的方式。记住：X 部分，生活的敌人，会尽其所能把你推回原地。它不会因为被你打败过一次就放弃。安从和卢克的分手中恢复过来后，X 部分又引诱她沉浸在有关新的感情能带来什么的膨胀的幻想中。在她摧毁了那些虚假的希望后，X 部分又等到她父亲去世，再次对她发起攻击。这意味着，虽然你可以提升你的生命力量，但你只能周期性地提升它。

简单地说，生活就是前进两步，后退一步。

以下是生命力量的周期性的示意图：

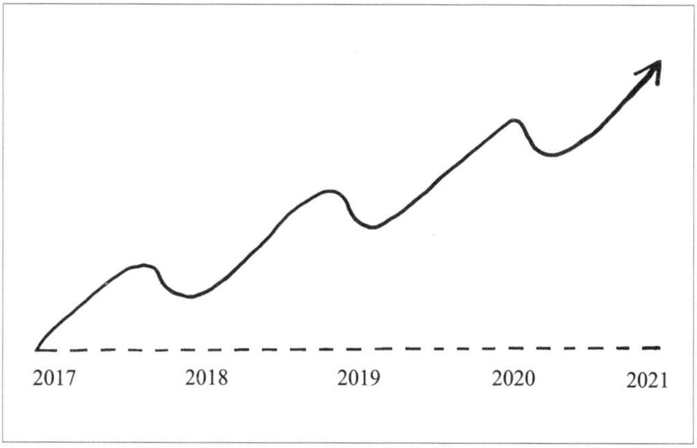

总的来说，你的生命力量在增加，但当X部分把你推回陷阱里时，就会出现低迷期。

我们想强调的是，接受生命力量的周期性是多么重要。如果你想要充满活力——早上兴奋地起床，白天开足马力，感到生活有目标——你必须面对现实：总会出现低迷期，你将始终需要奋力回击。

接受了未来还有别的陷阱在等着你这一点，你将收到一份无价的礼物：你为此做好了准备。而且，经过一次又一次锻炼，你将越来越擅长从这些陷阱里爬出来。自暴自弃的力量很大程度上源于我们感觉它会永远持续下去。如果你问那些抑郁的人，他们会承认觉得自己将永远无法康复。但当你一次又一次从绝望中走出来时，它就失去了控制你的力量。你建立了深刻的自信，相信自己可以解决一切麻烦。存在主义哲学家阿尔贝·加缪说得好：“在隆冬时节，我终于意识到，我内在有一个不可战胜的夏天。”

发现一个内在的、不可战胜的夏天比你获得任何外在的成功都更令人兴奋。外在的成功总有运气的成分——很多你无法控制的因素聚在一起才能让它发生。但当你能在内心扭转局面时，那都是你的功劳。随之而来的生命力量的飙升是无与伦比的。菲尔和我都有过曾多次扭转内心局面的病人，他们实际上很期待下一个低迷期的到来；他们相信那只是前奏，他们将比以前活得更加充实。

古希腊人对这些周期的理解要比我们深刻得多。他们在有关珀耳塞福涅的神话中描述了生命的周期性。珀耳塞福涅是大地女神德墨忒尔的女儿。一天，冥王哈迪斯把珀耳塞福涅诱拐到了他的死亡之界。德墨忒尔发现后非常震惊，要求归还女儿，发誓在女儿回来之前会让大地一片荒芜。哈迪斯同意了，但在释放珀耳塞福涅之前，骗她吃了石榴籽。因为尝过冥界的果实，珀耳塞福涅每年必须回那里待几个月。希腊人认为，这个故事用停止繁育解释了冬天的起源。这也解释了为什么她回归人间后，春天万物竞发。

古希腊人看到的在神的国度里发生的事，现在也发生在每个人的灵魂里。这个神话故事中的每个人物都是你心灵的一部分。石榴籽代表X部分（哈迪斯）在我们内心种下的虚假希望。因为它们，我们的生命力量（珀耳塞福涅）在两个世界之间无休止地循环。冥界代表我们自造的内心的地狱，我们追求永恒的幸福，最终却变得麻木、萎靡不振。但“母亲”（德墨忒尔）总在那里，把我们带回光明和生命的世界。

这就是人类的处境：X部分将成功地把你诱拐到死亡和颓废的国度，这不可避免。但你也有工具帮助你打回人间。每次你这么做，你都会发现自己过上了一种更具创造性和使命感的生活。从某种意义上说，通过坠入死亡之境，你承认自己需要“母亲”为你注入更多生命。

这也改变了我们对英雄的定义。我们认为英雄是永不自暴自弃的人。这只会增加我们掉进陷阱时的羞耻和自卑感。真正的英雄是那些会自暴自弃但发展出了自救能力的人。

在20世纪，这种英雄主义最好的例子之一就是马丁·路德·金。在生命的最后一年里，他深切地感受到了绝望和挫败，也预感到了即将到来的死亡。他受到来自四面八方的攻击。联邦调查局窃听他的电话，在他的组织里培植特工，甚至发送匿名信催促他自杀。死亡威胁不断出现，于1968年初达到顶峰，当时联邦调查局和当地警方都警告他减少公开露面。

但更令金沮丧的是，非暴力运动似乎正在走向失败。新泽西州人口最多的城市纽瓦克于1967年7月爆发了暴力冲突，一周后底特律也爆发了冲突。到那年年底，共计发生了超过125起骚乱。黑人建制派认为金走得太远，年轻的黑人激进分子则嘲笑他走得不够远。

金一生都饱受抑郁症的折磨。现在，他看到自己的使命——让自由的黑人在白人社会中享有平等的地位——失败了。他开始思考死亡，不断地谈论它。1967年8月，他抑郁到无法起床去赶从亚特兰大飞往路易斯维尔的航班。然而，1968

年4月3日，也就是他被谋杀的前夜，他发表了职业生涯中最鼓舞人心的演讲之一。他承认未来的日子会很艰难。“但是，”他说，“现在对我来说，那真的不重要了，因为我去过山顶……和你们任何人一样，我想活得久一些。长寿自有其意义。但我现在不关心那个。我只想按上帝的旨意行事。他允许我到山上去。我已经看过了。我看到了应许之地。我可能不会和你们一起到达那里。但今晚我想让你们知道，我们作为一个民族将会到达应许之地。所以今晚我很高兴。我什么都不担心，也不害怕任何人。”

马丁·路德·金在绝望中创造希望，用他的目标鼓舞他人，这种能力使他成为20世纪最伟大的领袖之一。但在21世纪，我们需要的不仅仅是伟大的领袖带给我们希望。生命力量不仅仅属于领袖，它存在于我们每个人身上，它希望我们自己发展这种能力。从某种意义上说，依靠一位伟大的领袖把你从深渊中拯救出来，只不过是另一种虚假的希望。它依赖你之外的某个人，而不是你内在的生命力量。这就是工具如此重要的全部原因。这也是菲尔和我如此狂热地教我们的病人使用它们的理由。通过这样做，他们发展了自己与生命力量的关系，而不是继续依赖我们的鼓励。他们变成了完整的、自力更生的个体。

21世纪的英雄将是普通的个体，就像你和我一样。他们战胜了自己的绝望感，给那些陷入困境中的人带去更多东西。这可能意味着振奋一个因损失或挫折而灰心丧气的家庭的精神，协调群体中互有敌意的成员，培养那些其天赋尚未被发现的人的能力。每一个善举本身可能看起来并不起眼，但把它们放在一起，就能使“母亲”的精神进入我们的社会——将人们彼此联系起来，使他们摆脱绝望，最终增加这个世界中爱的体量。

现代个体的使命是把“母亲”的能量——爱、联系、同情——带入这个世界。在本书最后一章，我们将向你展示，除了将你自己从你坠入的陷阱里拉出来，你的所作所为将如何帮助整个世界振作起来。

常见问题

我一生中大部分时间都很抑郁——这是我家的遗传。我遭受的抑郁症和你说的自暴自弃有什么不同吗？

是的，二者有不同之处。在本章中，我们将自暴自弃定义为一个非常明确的三步序列，它几乎发生在每个个体身上。第一步是虚假的希望：X 部分让你相信，有一个神奇的人或事件可以解除你对自己情绪的责任。对安来说，这是“对的人”，但它也可以是其他任何事情——怀孕、获得晋升、从特定大学毕业，或者实现其他目标。第二步是那个希望不可避免地破灭：要么你没有得到想要的，要么得到了，但发现它并不神奇——你仍然必须学会保持情绪稳定。不管怎样，你最终会感觉萎靡不振，这是第三步。

抑郁是一个比我们上面描述的明确的三步序列更广泛的现象。与自暴自弃相反，抑郁可能是由多种因素综合作用引起的，包括基因、激素水平的变化、特定的医疗条件、压力、孤独，以及其他困难的情况。只有一部分人容易抑郁，但几乎每个人在遭受挫折时都会萎靡不振，即使是暂时的。

无论你是萎靡不振还是抑郁，“母亲”这个工具都可以帮助你。然而，持续的、未经治疗的抑郁症可能是非常危险的。如果你有这种情况，你应该继续使用这个工具，但也应该去看医生，进行持续的心理治疗和/或药物治疗。

进入第二步时，我发现自己紧紧握住黑暗物质，很难把它释放给“母亲”。我该怎么做？

X部分有多种方法来阻止工具起作用。这是其中之一。它的目标始终是把你困在自暴自弃的陷阱里，阻止你爬出来。这就是为什么它让你紧紧握住黑暗物质，而不是把它释放给“母亲”。

最重要的事是继续使用这个工具，不要放弃。当你到了应该释放那种黑而重的物质的时候，放慢速度，把它一点点地给“母亲”。不要觉得你第一次尝试就必须成功。坚持下去，最终你就能释放所有的黑暗。

当你想要放弃时，一点点地检查你的感受是很有价值的。如果你有失落感，别惊讶。那在意料之中。人性中有个肮脏的小秘密，那就是我们大多数人宁愿在自暴自弃的黑洞里发霉，也不愿努力爬出来。原因很简单：如果我们成功了，从自暴自弃中恢复过来，就不会回去守着那些虚假的希望。一旦这个工具起了作用，你知道自己有能力调节情绪，就必须接受事实：你有责任培育自己的乐观心态——你永远找不到某种神奇的事物或某个神奇的人能解除你那份责任。就像一个学步的孩子抓着奶瓶不放一样，你被迫接受固体食物——说实话，你肯定会想念这个奶瓶一段时间。

可以理解，这很困难，因为你正在冒险进入新的情感领域。但别放弃。你需要尝试很多次才能释放所有黑暗并化解失败感，但你也将获得多次奖励，在情感方面真正成熟起来。

如果有一个原型“母亲”，是否也有一个原型“父亲”？

是的。下一章我们将专门了解原型“父亲”。但现在，把它看作粉碎你虚假希望的力量。“父亲”这样做不是因为苛刻或残忍，而是因为他想让你学习一项宝贵的技能——无论他让你置身于怎样的困境，你都能保持你内在的状态；他在训练你成为一个心理健全、能够自我调节的成年人。换句话说，“父亲”把你击倒了，所以你会更加依赖“母亲”，她给予你力量，让你重新振作起来。在这个过程中，你逐渐变得势不可当。

“母亲”的其他用途

“母亲”这个工具允许你释放自己，并与创造性能量流相连。

要真正地活着，你必须有创造力。如果你是艺术家、音乐家或作家，这一点很明显。但平凡的日常生活也需要创新。维持一段浪漫的关系，解决与孩子之间的冲突，在工作中出类拔萃等，都需要想象力。当你与创造性能量流相连，即使是最平凡的任务也被注入了新鲜感和活力。但有个问题。你不是自己创造东西——所有的东西都是你与“母亲”共同创造的，她是创造性能量流的源泉。创造性在你身上流动的过程中有很多迂回曲折——有错误的开始、弯路，甚至迫使你重新开始的死胡同。为了保持创造性能量流，你不能让X部分围绕你和你的失败制造挫折。如果你自己制造了它，就会切断你与“母亲”的联系。那时你的创造力就会受阻。那些迂回曲折必须被视为一个你无法控制的过程的自然的组成部分。你的责任很简单：无论发生了什么，都与“母亲”保持联系。

马克是一位有抱负的作曲家，他在为一个新的电视节目写主题曲时第一次获得了重大突破。不用说，他想写首热门歌。所以，在看了试播集后，他每天都待在办公室，想要创作出他最好的音乐。起初，他有很多不同的想法，多到他没法把它们都写下来。但渐渐地，他开始在每个主题中找毛病：一个不符合节目的基调，另一个花了太长时间解决不协和音程，第三个感觉像是他看过的另一个节目的衍生品。当这些障碍开始堆积，马克最初的热情被自我怀疑和逐渐增长的恐慌取代，他害怕自己会错过这个机会。这让事情变得更糟：这些想法变成了涓涓细流，很快他就把更多的时间花在小题大做而不是创造上。来见我的时候，他已经完全卡住了。“我仍然会出现在办公桌前，但其实已经瘫痪了。我甚至不记得自己曾经多么热爱音乐。”

我解释说，X部分极其擅长使一个创作过程停工。它通过让你心神不宁来达到这一点。在这个案例中，X部分让马克满怀恐慌和自我厌恶。但我也看到另外一些例子。一个富有创意的人赢得了奖项，或者得到积极的评价，之后却同样困扰——直到他把注意力从自己身上移开，才得以继续创作。作为一个富有创意的人，你唯一可以沉迷的就是保持与“母亲”的联系。和她保持联系可以确保你能最大限度地发挥你的创造力。

这意味着马克必须坚持使用“母亲”这个工具。每当他开始批评自己或对未来感到恐慌时，他就把这些想法和感受转化成一种黑暗物质，然后把它们交给“母亲”。在极短的时间内，他又有了新的想法。

但那并不意味着他可以不再使用这个工具。我向他解释说，所有的想法，就其原始形式而言，都是不完美的，而X部分想要利用任何“错误的”东西来使你回归自恋。我告诉他，他必须改变自己对创作过程的预期——他必须预料到那些想法会不完美，使用“母亲”，给不完美的想法增添更多创意。“你创造的一切都不会是完美的。但不完美并不是你自恋的借口，而是让你与‘母亲’更深入地联系的触发点。”

“母亲”这个工具能让你自我感觉良好，不管别人的看法如何或他们怎样对待你。

几乎每个人的生活中都有无法取悦的人。那可能是你的父母、老师、老板，或者其他任何人。X部分说服你必须赢得这个人的支持——这是让你觉得自己有价值的唯一方法。这种形式的虚假希望是灾难性的，因为你不管怎样都会失败。如果没有得到对方的认可，你会感觉很糟糕，而如果偶尔尝到一些甜头，你会渴望更多。你被抓住了，就像一只跑轮上的仓鼠，尽力奔跑，却一无所获。

当格雷丝被律师事务所聘用时，她和他们考虑过的其他候选人一样，都非常优秀。她几乎获得过所有的荣誉：常春藤盟校《法律评论》的编辑、法学院优等生协会会员、最高法院里最严厉的法官之一的书记员等。第一天，她被指派给公司的一位高级合伙人。起初，格雷丝很兴奋。她的新老板是一长串受人尊敬的律师的接班人，是美国最出色的诉讼律师之一，她将向最优秀的人学习。然而，每当她提到将为他工作时，其他律师都会翻白眼，祝她好运。任何人都可能被吓倒，但格雷丝总是勇于接受挑战，她的热情丝毫未减。

6 个月后，她来见我。她看上去很憔悴，好像几个月没睡觉了。更糟的是，她体验到了一种从未有过的感觉：自己很糟糕。“无论我做什么都不能让他高兴。仔细想想，我唯一一次见到他笑，是在他因一个助理犯了错而斥责她的时候，他似乎很享受。”

随着我们对她与她的老板的关系的探究，有一件事变得清晰起来：老板越不认可她，她就越努力争取，比其他人下班更晚，找到难以理解的判例，想出新颖的诉讼策略，等等。但这些都没用。“当我在某件事上取得成功时，他表现得好像那没什么特别的。事实上，他似乎很失望，好像他背地里希望我失败，这样他就可以痛斥我了！”这就像一段没有发生性关系的虐恋。

我告诉她，她的老板是一个恶毒的家伙，他唯一的乐趣就是折磨手下的每一个人。“你永远不会让他高兴，永远不会得到他的认可，继续尝试就是在自残。他就像个食人者——但不吃你的肉，而是消耗你的自尊。他已经成功一半了。”我解释说，他来到她生活中就是为了把她介绍给“母亲”——爱和认可唯一真正的来源。我解释了如何使用“母亲”这个工具。我告诉她，每当她想要得到他的认可时，就使用它。“除了他的蔑视，啥也别指望——从‘母亲’那里得到你所需要的一切。”

毫不奇怪，格雷丝在使用工具上非常自律。难的部分是感受“母亲”的爱。她已经习惯了获得认可：她精益求精地完成作业，赢得了老师的赞扬；她举止得体，得到了父母的认可；她在朋友哭泣时提供了可以依靠的肩膀，换来了他们的忠诚。“母亲”的爱是自然得到的。“我觉得自己不配。”格雷丝花了好一阵子才习惯了“母亲”无条件地爱着每个人和每件事物这一观念，她的爱就像我们呼吸的空气——无论你是否优秀，都可以获得。当格雷丝开始让“母亲”的爱进来，她自我感觉好些了——以一种前所未有的方式。她不再根据别人如何对待她来定义自己。当老板意识到格雷丝不再在乎他说了或做了什么，他把她调至另一位高级合伙人处工作，我们知道她成功了。

“母亲”这个工具可以帮助你从时常伴随着身体疾病或疲劳的黑暗情绪中恢复过来。

你的身体是对抗 X 部分的天然屏障，它的健康和活力给予你保持乐观态度的基础能量。当身体出现问题时，你很容易不慎跌倒。任何损害你力量的情况——流感、传染病、损伤——都可能让你跌入陷阱，即使你不容易意志消沉。慢性疾病——关节炎、癌症、克罗恩病、哮喘等——甚至更糟；X部分利用病症的持久性让你被黑暗情绪淹没。“母亲”绕过你的身体，直接触及你的灵魂，让你摆脱绝望感。她给你注入前进的能力。尽管你的身体受到种种限制，你仍然可以感受到充满活力的纯粹快乐。

詹娜一生中大部分时间都很健康。她年轻时是一名出色的游泳运动员，身体状况一直保持在一流水平。但现在，她快60岁了，开始经历慢性背痛。医生排除了所有显而易见的原因，詹娜用她面对过往人生中每一个障碍时积极乐观的态度应对这个问题：持续的运动和拉伸、针灸和按摩治疗、抗炎药、交替使用冷热包等。尽管这些办法能够暂时缓解疼痛，但她开始意识到疼痛可能永远不会消失。“我以前从来不用面对这种情况。痛苦总在那儿——我无法把注意力从那儿移开。然后我开始想，‘情况将变得更糟’。我不知不觉滑入了无法靠自己爬出来的黑洞中。”

我告诉詹娜真相：我们每个人在生活中都会遇到某一时刻，我们不能依靠更加光明的未来带给我们希望，因为无法保证未来会更好。事实上，考虑到我们身体的退化不可避免，你可以肯定，从物理的角度看，未来将会变得更糟。在人生的这个阶段，你必须依靠比对美好未来的预期更强大的东西：你必须依赖“母亲”的能力在当下鼓舞自己。我教詹娜工具，要求她不仅把悲观的想法也把身体上的痛苦转化成一种横亘在她与“母亲”之间的物质。当“母亲”吸收了她的痛苦和担忧，她感到更加轻松和乐观，甚至身体上的痛苦也变得更容易忍受。

总结

X 部分是如何攻击你的：

它让你被绝望的感觉淹没，你放弃了追求梦想。你确定你将永远得不到想要的东西，于是停止了尝试。

这是怎么让你失去活力的：

当你向绝望屈服时，你也摧毁了你创造自己想要的未来的能力。你对所有事情的回应都变成了“何必麻烦呢”。

X 部分如何诱使你屈服：

在无意识的层面，X 部分让你相信，有一种神奇的东西——良好的关系、财富、特定的工作——你一旦获得，它将免除你对未来保持开放、乐观态度的责任。一旦这种虚假的希望破灭，X 部分就会让你满怀绝望，并使你相信没有解药。你只是在生物学意义上“活着”。

解决办法：

“母亲”在绝望中创造希望。无论你败得有多惨，它都会给予你从中恢复过来的力量。你和“母亲”的关系成为你未来道路上支持和信心的坚定来源。

06

工具：塔

你是否曾经感到受伤或委屈，想要报复或退回受害者的状态？菲尔告诉你如何敞开心扉，继续前进。

在看到安德鲁之前，我就听到了他的声音。声音先于他进入我的办公室，仿佛在宣布一位重要人物的到来。他走进门，满头银发，五官立体，洪亮的男中音，很容易被认为是一位行业领袖或政治人物。在现实中，他是当地一家电视台的新闻主播。

他自我介绍时，带着公众人物久经练习的风度，脸上闪耀着一千瓦特的微笑，表达了他来到这里有多么激动。他滔滔不绝，话题围绕我展开。他对我很了解——对我来说太多了。我受的教育，写过的书和文章，哪里可以在线找到我。他做所有这些显然是想得到我的认可。他付出了如此多的热情，我不可能不喜欢他。

但当我无视他的话语，看着他的眼睛时，我看到了震惊和困惑。那是一个士兵遭遇突袭时的表情。

当我问他为什么来见我时，他完美的笑容变成了痛苦的表情，他的声音变成了一个害怕的 16 岁孩子的声音。

“在台里……他们试图杀了我。”他看见我在审视他，“不，不……不是真的杀了我。电视里的人想毁了谁时，他们就是这么说的。”

似乎是为了阐明观点，他捂住心口，就像你在宣读效忠誓词[①]时那样，只是他用的是双手，就好像那儿有伤口在渗血。那里没有血，只有疼痛。

“发生了什么？”我问他。

“去年收视率下降了，所以他们聘请了一位新的联合主播，她叫凯丽。她……”他哽咽着说不出话来。

不难知道他接下来想说什么，所以我为他做了补充：“年轻，有魅力，野心勃勃？”

“而且非常聪明。我知道这听起来像陈词滥调。”

“她就是那个想让你死的人？”

“我不确定……很复杂。”他接着描述了一大堆有关凯丽的不必要的细节，却没有抓住故事的重点。我叫他别再逗我了，快告诉我发生了什么事。

第一次治疗进行到30分钟时，大多数精神病学家应该已经诊断出安德鲁是个自恋者（或者严格地说，患有自恋型人格障碍）。但就像狗有很多品种一样，自恋者也分很多类。安德鲁喜欢在为别人表演时获得关注，在哪里并不重要。每间酒吧、每个餐馆、每条公园长椅，都有像安德鲁这样的人想要成为众人瞩目的焦点。

还有一类更阴暗的自恋者，他们不惜一切代价追求权力和

---

① 指美国公民向美国国旗以及美利坚合众国表达忠诚的标准誓词，内容如下：“我谨宣誓效忠美利坚合众国国旗及效忠所代表之共和国，上帝之下的国度，不可分裂，自由平等全民皆享。”——译者注

成功。他们非常乐意利用别人，似乎并不在乎——甚至意识不到——自己对他人的影响。就像他们缺失了一部分灵魂。但安德鲁不是那样。在外表之下，他脆弱，缺乏自信；他利用其他人的关注来掩饰自己的不安全感。当然，让自己获得关注并不是隐藏缺点的最佳方法，尤其是当你的脸每天都被一大群观众盯着看的时候——但他只知道这个方法。

甚至在凯丽入职之前，她被录用这件事已经成为安德鲁的问题了。他已在电视台工作了好几年，希望对于谁该和他一起出镜有发言权，但没人咨询过他。“我是必须和她一起工作的人，但没有一个人问过我的意见。这不公平。”

这与公平无关。老板们不希望安德鲁出席战略会议，因为他会垄断会议发言，讲述与手头事情无关的战争故事。安德鲁不知道老板们对他的看法。对于没有被邀请参会，他的理解是：“我特意去帮助别人，却被无视了。”但他不敢对老板们说这些，他太需要得到他们的认可了。

安德鲁对认可的需求并不新鲜。他童年时代就一直在为此努力，却没能得到父亲的认可。他的父亲是一名顽强的新闻记者，为了得到一个故事不在乎冒犯了多少人。作为一名有才能的记者，因为树敌太多，他从未拥有过自己的专栏。

父亲对安德鲁非常挑剔，指责他在生活中不曾为任何事全力以赴。“你太害怕受到伤害了，你所做的只是为自己感到难过而已。”他还不如一直谈论他自己。为人尖刻的父亲警告安德鲁永远不要相信任何人，并告诉他：“小心背后。”这种哲学并没有使安德鲁变得更坚韧，反而让他害怕别人。

安德鲁体格强壮，性情却敏感羞怯。如果老师批评了他，女孩不和他跳舞，或者更糟糕，有人听了他的笑话没笑，他会在想象中重现被拒绝的情景，直到脑子里全是这件事。

安德鲁主修新闻专业，但由于父亲在出版业不愉快的经验，他进入了电视行业。他的长相很上镜，足够让他在当地电视台找到一份主播的工作。父亲对此无动于衷，他认为电视新闻是头脑空空的漂亮男孩的领域。

从那时起，安德鲁就放弃了从父亲那里得到支持和鼓励。因为他只能在娱乐他人以及沐浴在他们的欣赏中时自我感觉良好，他最好的观众成了电视台的工作人员，他们把他甚至会和自己出去玩当成一种称赞。安德鲁的终极目标是拥有自己的节目。要做到这一点，他必须给老板们留下深刻的印象，与工作人员相比，他们是更不易讨好的观众。

被人喜欢的需求使安德鲁成为一个“温柔的”采访者。他不会用难对付的问题来刁难嘉宾，而是任由他们摆脱困境。这让那些想看血腥或者至少刺激些的爆料的观众失望，也让想要更高收视率的老板们失望。

其中一位年纪较长的制片人看到了安德鲁的潜力，把他置于自己的庇护下。他的新导师毫不掩饰地说，他需要表现得更庄重才能被严肃对待。他这么说道：“你想当国王还是弄臣？”安德鲁不可能靠读提词器来获得权威——他必须进演播室制作一些原创的、写着他名字的东西。可曝光使他害怕。

他说服自己这么做，但采访不够深入，那期节目反响平平。导师想让他再试一次，但安德鲁拒绝了，说他宁愿继续做他知道自己做得了的事：用提词器读新闻。

导师说，除非安德鲁愿意冒险，否则他也帮不上忙。安德鲁非但不承认自己的恐惧，反而抱怨道："没人相信我。"

大约就在这个时候，凯丽被录用了。安德鲁想让凯丽喜欢他，于是把他知道的有关这份工作的一切都告诉了她。她满怀感激。但在内心深处，他记着父亲的告诫，不要相信任何人。

不需要被喜欢的凯丽愿意让直播嘉宾感到不舒服。观众喜欢她在节目中的尖锐——她给人一种感觉，她就要揪出嘉宾想隐瞒的那件事了。收视率几乎立刻就上升了。凯丽入职不到 6 个月，他们就让她独立做节目了。安德鲁不明白，这个机会怎么会被授予一个经验如此不足的人。这不公平。

处于"全世界都与我为敌"模式的安德鲁，确信凯丽是通过暗箱操作才得到这份工作的。他去找他的前导师对质，要求知道为什么他不保护自己，让他被凯丽从背后捅刀。

"她从未做过一件伤害你的事。她所做的就是做好准备，勇于冒险。她愿意走出舒适区，而你只想被人喜欢。"

在我的办公室里复述这个故事对安德鲁的影响是其他任何事都做不到的：他沉默了。

"你打算怎么办？"我问他。

"该死，我不知道。"

"这就是进步。"

我不是在开玩笑。当犯错的次数足够多，你被迫承认你需要用一种新的方式来看待生活。对他来说，第一步就是停止把自身的麻烦归咎于世界。

问题：成为受害者

我们把安德鲁的经历称为“受伤”。当你骨折或者切菜切到手指时，大多数不是精神病医生的人会用到“身体创伤”这个词。但也存在心理创伤：一个朋友质疑你的忠诚；你收到了研究生院的拒信；你在社交活动中完全被忽视了。这些创伤与身体创伤一样令人痛苦。

心理创伤涉及情感而非身体上的痛苦。因为我们无法“看到”引发痛苦的内伤，所以会低估心理的痛苦对我们的影响。“棍棒和石头会打断我的骨头，但语言永远伤不了我。”这种民间智慧如此显而易见，我们从没想过去挑战它。但我们应该这样做。在现实生活中，拒绝、蔑视和不尊重的话语肯定会伤害我们，就如同从一段很长的楼梯上摔下来那样。

从某种意义上说，心理的痛苦比生理的痛苦更严重。治愈骨折的力量在你的意识或控制之外运作。骨折会自愈。除非有复杂的因素，你痊愈时疼痛就会消失。

心理创伤不会像这样自愈。原因是：X 部分不希望它们愈合。事实上，恰恰相反。它不会治愈你已有的伤痛，反而希望你体验新的伤痛。它的目标是让你沉浸在如此多的痛苦中，使你的灵魂萎缩，你的潜力被摧毁。

对 X 部分来说，每次情感受伤的经历都是一次削弱你的机会。我们都认识一些总在情感上受到伤害的人，其中有些与我们关系非常密切。如果你超越具体的抱怨，就会看到一种模式：这些人实际上是在收集创伤。被爱人、朋友、家人和其他人伤害的感觉定义了他们。当他们详细地告诉别人自己是如何受到伤害时，他们就像在炫耀藏品的艺术收藏家。

关于这一点，安德鲁也有自己的版本。他喜欢用名人笑话和故事来娱乐别人，但谈话进行到最后总是他抱怨自己最近在生活中遭遇的不公正对待，不管那是来自不支持他的父亲，还是来自不赏识他的老板。即使在抱怨的时候，他也非常风趣乐观，很难看出他在隐藏自己真正的身份：受害者。

受害者感到自己被这个世界欺骗。他们处于被动状态：认为事情是针对他们的，而不是他们做的。成为受害者是一门艺术，一种反常的创作过程，在此过程中，你为自己没有能力在生活中前进编造借口。和安德鲁一样，受害者们会大叫："这不公平！"

但受害者情结是怎样用如此强大的力量把你吸进去且拒绝让你离开的呢？它是X部分设置的一个巧妙的陷阱的产物。X部分利用人性中一个普遍存在的弱点——我们对于世界应该怎样对待我们的期望——来设置这个陷阱。

这里有一些常见的例子：

你希望女儿尊重你的个人财产，而当她未经允许就"借用"你的化妆品时，你会觉得受到了侵犯。

你希望朋友信守承诺，当一位答应帮你搬家的朋友在最后一刻爽约时，你会感到自己被抛弃了。

你卖力地帮助同事推进他的事业。当你想要升职时，你期待他的帮助，可他却在为自己谋求那个职位。

你和伴侣相爱多年，期待着能步入婚姻的殿堂，但他或她突然宣布自己对别的人有兴趣。

关于期望被他人如何对待——忠诚、承诺、尊重等——这些人中的每一位都有自己的图景。他们的期望对自己来说似乎是合理的，但那并不意味着其他人会认同。即使他们认同，也可能不会按照那些期望行事。然而，我们固执地幻想，周围的人会以我们认为“正确”的方式来对待我们。

为什么世界要以你认为应该的方式来对待你？你不妨说，明天该下雨，因为这是你的期望之一。让你认为某事会发生是因为你期待它发生，这是X部分最具破坏性的骗局之一——暗示你很特别。

特别意味着什么？宇宙由无数生命组成，每个生命都有自己的位置和使命。内心的宁静和意义感来自接受你在这个庞大计划中的个人角色。自认为特别的人拒绝服从这个命令。他们想象自己处于宇宙中心，周围的一切都围着他们旋转。在这个虚构的位置上，他们有魔力来决定宇宙的其余部分如何对待他们，好像他们是传授“十诫”的上帝。

你可能没有意识到这个假设，但它支配着你的行为和感受。令人失望的是，你发现所谓的特别只是一种华丽的错觉。世界不再围着你转，就像太阳不再围着地球转一样。你实际上看到的是X部分设置的陷阱。

X部分知道世界的其余部分不会遵守你的规则，每次它不遵守，你的特别就丧失一点儿。但是 X 部分为你提供了一种弥补损失的方法——一种新的保持特别的方法，不依赖于忠诚、承诺或他人的尊重。这另一种特别并非不受伤害影响的结果，而是无法避免伤害的结果。如果世界劳神费力，如此频繁地伤害你，你一定非常重要。每次不受尊重或被拒绝的经历都成了宇宙把你挑出来接受特别惩罚的证明。如果你没有某种宇宙层面的意义，又何必麻烦呢？

你不再被挑选出来做上帝，你被挑选出来做受害者。但你还是被挑选出来了。人类可以接受任何一种把他们挑选出来的理由，不能接受的是完全不被挑选。这让他们觉得自己不存在。这就是为什么受害者被驱使着去收集创伤——这是他们保持特别的唯一方式。

当你想到你生活中那些“把事情看得太个人化”的人，那意味着他们把每件事都看作对自己的特殊性的一次全民投票。如果听到有人说“我不走运”或者“我永远不会像他们对待我那样对待他们”，你就知道他们陷入了 X 部分的“受害者陷阱”。

“再受伤”的黑魔法

受害者情结不只是一个结论或一通抱怨，它是内心深处的一种感受，就像文身一样难以去除。为什么它不会自己淡化？毕竟，一个人能受多少伤呢？ X 部分不需要太多创伤就能让你觉得自己像个受害者。有一种黑魔法，只需受伤一次，就能保持其打造受害者的效果。在这个陷阱最具决定性也是最糟糕的部分，你把自己变成了一个受害者。

你通过对自己重复伤害事件的细节来做到这一点。就像一遍又一遍地看恐怖电影会使你内心的恐惧延续一样，当你在想象中重温伤害时，痛苦的体验会保持鲜活。

我们把这个一遍遍讲述故事的过程称为“再受伤”。对受伤过程的热切复述会让你回想起当时感受到的痛苦。伤害也许已成往事，但因重温它而产生的痛苦却在当下。再受伤没有时间限制。病人来找我是因为，他们无法停止重温几个月甚至几年前的事情，而且仍然像当初那样痛苦。生活在他们身边流逝，他们却一直沉浸在痛苦中。

如果你的脚趾踢到石头，引起了生理上的疼痛，你就不会再踢它了。然而，在重温心理上的伤害时，你却不会这么明智。重温发生过的事会让你像踢到石头一样痛苦。为什么要这样折磨自己呢？因为 X 部分让你相信，为了保持特别，你需要每时每刻都感到自己在受伤害。X 部分从你的生活中挑选一个可怕的事件，安装好投影仪，每周 7 天，每天 24 小时，连续播放，使你处于持续的痛苦中，以此保证你将关注点一直放在你自己身上。

人类为自己抓着伤口不放的习惯所困扰。在世界上大多数地方，部落和种族的划分是靠对必须复仇的古老创伤的记忆（不管准确与否）来维持的。创伤具有神圣的性质，他们赋予一个群体或国家意义和目标。没人尝试去处理这些创伤并化解它们。恰恰相反：它们一遍又一遍地被冠以荣誉，被重新体验。最坏的情况是，它们被用来为恐怖主义、战争和大屠杀做辩护。

弗洛伊德早期的精神分析“疗法”之一，就是通过向治疗师复述来重现病人的原始创伤。他相信，如果你重温它足够多次，根源于它的问题就会消失。假设你的父亲离开家庭，抛弃了你和你的母亲，再婚了。治疗师会让你一遍又一遍地讲述这个故事，并假定在复述的过程中你会被治愈。

这个理论未能认识到的是，X 部分为了达到自己的目的，利用了相同的过程。每次你复述早年被遗弃的故事，都是在重复伤害自己。在治疗师的办公室里复述它并没有什么不同。这就像去医生办公室里尝试治疗骨折的手臂，却再次把它弄折了一样。

然而，重温过去作为一种心理治疗技术已被广泛接受。它被接受并非基于其有效性。它受到热情接待是因为它推进了 X 部分的议程。在某种意义上，弗洛伊德有一个看不见的同事劫持了整个程序，这位同事就是 X 部分。它选择了一个旨在让人们从过去的创伤中解脱出来的程序，用它来制造更多的受害者。

受害者情结的代价

受害者过着受限的生活。他们与他人交往、抓住机会、承担风险、以坚定而有意义的方式生活的能力都受到了损害。他们对自己和他人的印象模糊不清，这使他们与周围的人分隔开来。

关系

比成为受害者更痛苦的事情之一是和他们中的一员生活在一起。听他们没完没了地抱怨是一种折磨。受害者以及驱使着他们的隐藏的特殊感是内在导向的，但并非以一种好的方式。稳固、持久的人际关系需要你超越个人需求，对他人的感受，尤其是你带给他们的感受，变得敏感。

但如果你的关注点完全停留在自己身上，你不可能做到。如果你是宇宙中心那个特别的人，其他人的感受就不重要。他们无关紧要。所以，尽管受害者影响到了身边的每个人，他们也很少或根本没意识到那种影响是什么。

事实上，识别处于受害者状态的人是很容易的：和他们在一起让人不愉快。当你处于受害者状态时，意识到别人的感受会更困难。作为受害者，你无法处理并超越痛苦。相反，你会把你的痛苦强加给你周围的人。通过有关不公对待的“我好命苦”的故事、对世界本质的抱怨、个人的不满等——我们称之为“注射痛苦”——你强迫别人吸收本该你自己处理的痛苦。当你这样做时，除了让别人承受不必要的痛苦，还削弱了整个关系的基础。

假设你和老板之间有问题。你找了一个亲密的朋友，激动地向他倾诉了你老板的虐待行为：他对你大喊大叫，要求你为他处理私人事务，等等。如果她是你真正的朋友，她会立刻假设你需要帮助。她会担心你，试着安慰你，也许会建议你采取行动。但如果你是受害者，你并不想要帮助，你只想展示你收藏的创伤。

不管你的朋友提议采取什么行动，你都置之不理，因为你不想解决问题，只想找个地方倾倒垃圾，并确认你的受害者身份。实际上，帮助对受害者来说是危险的——如果他们接受了帮助，生活可能会好转，同时他们会失去作为受害者的特殊身份。

X 部分的主要目标之一是破坏人际关系。如果它能剪断把我们联系在一起的爱和忠诚的纽带，它就能自由地攻击一个又一个人。单打独斗的情况下，没人能赢得与 X 部分的战斗。凭借其惯常的恶魔天赋，它驱使着你给朋友传达双重信息：我需要帮助，但我不会接受。

朋友越爱你，越愿意采取行动来帮助你，这条信息就越让他们感到困惑和受伤。你在无意中贬低了他们的爱和善意。每次跟你交流过后，你的朋友都比刚开始时感觉更糟。这就是为什么受害者最终会抱怨朋友们不再听他说话。

在我职业生涯早期，有一段经历让我见识到了 X 部分的双重信息所能释放的破坏力。我治疗过一位没有发表过作品的小说家，他自视甚高却没有收入。积蓄就快花光了，但对他来说，找一份正职太屈尊了。他每次来见我都在气愤地抱怨出版业、高昂的生活成本、我不理解他等。我尽了最大的努力提出一些选项，即使是暂时的，也能让他不至于在经济上山穷水尽，要跑去当东西。

但按照受害者的传统，他发出了“我需要帮助，但我不会接受”的双重信息。由于缺乏经验，我认真地对待他的求助，并不断地提出建议。他把每条建议都批驳了一通，脸上那副居高临下的假笑仿佛在说：“你怎么能这么蠢？”最后我失控了。我从椅子上跳了起来，听到一个声音尖叫着说：“我受够了！”

那是我的声音。我的反应如此出人意料和暴躁，我们都惊呆了。过了一会儿，他站了起来，迅速离开了，心里可能在问自己选择了一个什么样的疯子做心理治疗师。

这件事让我意识到，X 部分通过受害者的身份发言，能释放出多少能量。如果不加以控制，它会彻底摧毁人际关系，让受害者孤立无援。

机会

受害者最常见的抱怨之一是缺少机会。他们经常指出，自己认识的某个人比自己更成功，不是因为运气、天赋或努力工作，而是因为此人有“关系”。这有一定的道理，但更真实的是，关系可能会让你迈出第一步，但很快评价你的依据就只会是你给这个职位带来的价值。

无论是没有对的伴侣，没有舒适的房子，还是没有好的工作，受害者通通觉得那是因为他缺少机会。他们忘记了自己才是造成这种缺乏的原因。机会不会凭空而来，它们来自与他人的交流。与潜在的配偶会面，寻找投资机会或商业伙伴，找到顾问或优秀的老师——所有这些都来自与他人的交流。

这是“街头智慧”的一种形式，不是因为有人坐在门廊上传播它，而是因为街头是对任何人们可以在那里见面的公共空间的暗喻，也包括虚拟的空间。就好像有一个由人类的相互交流创造出来的活跃的机会发生器。当受害者疏远了人群，他们就切断了自己与这个源头的联系。他们确实机会更少，但这只是因为他们创造了一个自我实现的预言来证实他们眼中歪曲的世界图景。安德鲁慢慢地疏远了老板，不愿在失败后再次尝试。他发现自己的机会自然而然地越来越少，觉得他的老板、联合主播和导师都对不起他。

怯懦

由于过去遭受的痛苦，大多数受害者害怕在未来承受更多痛苦。他们待在一份工作、一桩婚姻或一段友谊里，但只是走走过场，不会全力以赴。他们让自己相信他们不在乎，甚至把野心重新定义为愚蠢或粗俗的东西，以此来对自己的做法进行合理化解释。安德鲁选择了另一种合理化：既然你知道会失败，为什么还要继续尝试？

在乎会带来潜在的情感伤害。如果你写博客，可能会收到令人不快的评论。如果你选择了一份不同寻常的职业，朋友和家人可能会看不起你。如果你和自家十几岁的孩子进行一场严肃的谈话，他们可能会像对待白痴一样朝你翻白眼。为了保护自己，受害者停止了这些冒险。为了逃避痛苦，他们最终放弃了自己最珍视的梦想。作为交换，他们得到的是一种怯懦的生活——“安全”但受限。

怯懦是要付出巨大代价的。你在地球上的时间是有限的。你没有“全押”且全身心投入的每个时刻都是在浪费时间。你过着“安全”生活的时间越长，你的目标、潜力以及对生活的意义的感知就消失得越多，直到最终变得遥不可及。你把灵魂托付给了X部分。

找回它唯一的方法就是识别出对你来说真正重要的是什么，然后用尽最后一分力气去追求它。这是有风险的：当你用这种程度的投入来追求生活却受到伤害时，那真的很伤人。但这并不意味着这么做不值得。

伟大的人生并非没有伤痛。伟大的人生是你冒着遭受重创的风险，当伤害发生时，一次又一次地战胜它们。你越愿意冒险受伤，就越有可能拥有你想要的广阔、充满机遇的生活。如果你因为害怕伤害、失败或拒绝而保持渺小，就像安德鲁一样，你将过上一种有限的、游离的、怯懦的生活。

使我们成为受害者的谎言

这种对情感伤害的恐惧是普遍存在的。是什么让这种恐惧如此强烈？X部分就痛苦的本质向我们撒了谎。这个谎言就是痛苦能杀死你。它不能——但在某种程度上，它似乎可以让你成为它的囚徒。你可能没见过有谁死于痛苦，那么这个想法从何而来？它是如下行为的产物，X部分激起人类最原始的恐惧，并把它植入它不属于的地方。这种恐惧当然就是对死亡的恐惧。

什么是死亡？对我们大多数人来说，它是一片神秘的、无法理解的虚空，比我们习惯的要大得多，深得多，我们无法描述它或声称知道它的意义。这就像你站在悬崖边望向一片漆黑，试图描述你看到的东西。从某种意义上说，没什么可描述的；从另一种意义上说，整个宇宙就横亘在你面前。你能感觉到它，但无法理解它。

但我们现代人很难承认有些事情是我们所不理解的。所以，我们看待死亡的方式和我们的生活经验是相符的。根据经验，我们认识的人都会死。他们不在“这里”了，不会再回来了。他们可能在哪儿，或者是否哪儿都不在，这些并不重要。重要的是，无论他们做了什么——即便只是活了下来——都结束了，完成了。生命不再上场：他们不再有机会道歉，不再尝试减肥，不再有机会读某本小说。死亡是最终的状态。

但还有另一种死亡：自我的死亡。自我是个体身份的来源，是你希望这个世界看待你的方式。当你的感情受到伤害，当你被羞辱或批评时，受伤的是你的自我。当安德鲁说“他们要杀了我”时，指的是情感上的而非身体上的死亡。但他说这句话时，带着一种被压碎的终结感，我们总是将其与死亡联系在一起。这就是结局，而他对此无能为力——正是这件事让死亡如此可怕。

虽然对自我的伤害感觉像是肉体上的死亡，但并不是。X 部分将两个彼此无关的东西联系起来。它将肉体死亡的终结感应用于你受伤的情感。结果是：当你受伤时，你会觉得自己快要死了。

从逻辑上讲，你应该更害怕身体上的伤害而不是对自我的伤害。但 X 部分凭借其通常具有破坏性的光辉模糊了两者的区别，维持着情感上的痛苦可以杀死你的错觉。

你怎么才能把两者拆解开来？通过任由痛苦来杀你，你摆脱了它将会杀死你的幻觉。你需要让痛苦进入并充分感受它。将会死亡的是你的自我，是你的自我让你远离自己的生命力量——使你从伤害中恢复的力量。

你不能通过思考痛苦来体验痛苦。要感受痛苦，你需要的是心，而不是头脑。心不加评判地接受痛苦，包括你能想象到的各种形式的痛苦：伤害、愤怒、羞辱、悲伤、挫折等。因为它连接着生命力量，心有能力从最深的伤害中恢复。

说到开放的心灵具有的赋予活力的力量，孩子是我们最好的榜样。如果一个孩子一心想要某个玩具，而父母拒绝买给他，他可能会情不自禁地哭出来。但在很短的时间内，这个孩子会将注意力转向下一个活动，不久他就微笑着开心起来。他们热切地渴望玩具，他们激动地哭了。敞开的心扉让他们感受痛苦，穿过它，然后恢复。

随着年龄的增长，我们不再用心去体验世界，而开始用头脑去认识它。头脑可以对一件痛苦的事情做出判断，但无法真正体验它。幸运的是，我们的心并没有完全迷失。

我们需要工具的帮助，这个工具能唤醒心接受和转化痛苦的能力。我们称之为“塔”。“塔”教你别把受伤看成死亡，而是看成通往更广阔生活的入口。一旦掌握了它，你将不再作为受害者来处理痛苦。你将拥有力量和勇气穿过伤痛，从另一头走出来。痛苦将不再是障碍，而是机遇。

工具：塔

学习这个工具，你需要选择一个你在情感上受到伤害的情境，你受到严重伤害且痛苦持续了一段时间。你几岁，或谁伤害了你，都没关系。一旦你重温这个事件并能强烈地感受到受伤的感觉，你就准备好使用这个工具了。

塔

死亡：唤醒你刚刚确认的受到伤害的感觉。让它变得更糟，感觉它在攻击你的心。它变得如此强烈，你的心碎了，你死了。你只能一动不动地躺在地上。

照亮：你听见一个极具权威的声音说："只有死人才能幸存。"在它说话的那一刻，你的心里充满了光明，照亮了周遭的一切。你看见自己躺在一个中空的、顶部敞开的塔的底部。来自你心灵的光扩散到你身体的其余部分。

超越：被光托着，你毫不费力地飘至塔顶，然后飘出塔外，一路上升至完美无瑕的蓝天。你身体里的一切痛苦都得到了净化，感觉如获新生。

"塔"使你有可能在终极的创造行为中获得成功——创造一个全新的自己。这个工具利用心的能力甚至可以转化最黑暗的感觉。在古代世界，这种心的转化力量对普通人是隐匿的——它是上帝和精神精英的领域。在现代世界，它对我们每个人都是开放的。

每次使用这个工具，你都在改变痛苦的意义。以前，你把痛苦和死亡的结局联系在一起。现在，痛苦成为通往无限生活的入口。痛苦不再是你害怕的东西，而是你可以拥抱的东西。这是勇气的本质——不是避免痛苦，而是把它当作重生的前奏。这个工具不仅仅是谈论重生，它还给了你一种感受重生的方式。

“塔”能让你感受到精神上的现实，即死后总会有某些东西留存。为了确保你能感受到这一点，请使用这个工具3次，一次接着一次，每次都比前一次快。当你第三次使用它时，死亡和重生之间几乎没有间隔。

第一次，就按照我们之前描述的那样做。第二次，将这个工具压缩为两个步骤。第一步将体验受伤的感觉攻击你的心与看见自己一动不动地躺在地上结合起来。第二步把听到一个声音说“只有死人才能幸存”和升至塔顶结合起来。

第三次，尽可能快地达到这两种结合的状态，快到来不及看清任何细节。这个过程应该有节奏：痛苦-上升或死亡-生命。这个工具的秘密是：可以害怕，只要恐惧不是你最后感觉到的东西。不管伤口有多深多痛，这个工具总是以毫不费力地上升至塔顶而结束。

对大多数人来说，使用这个工具代表了一种处理疼痛的全新方式。它把死亡和重生联系在一起：你越痛苦，你在被这痛苦杀死后重生，就越鼓舞人心。我们加快节奏的原因是，这样你能感觉到这两个阶段之间的连接。你在创造一种习惯，即我们总是在死后感受重生，总是在痛苦后感受超脱。

怎样以及何时使用“塔”

“塔”的用途比你想象的更多。我们每天都会遇到大大小小的伤害，你越早使用这个工具，就能越快摆脱受害者状态的陷阱。

最有理由使用这个工具的时刻是当有人伤害了你的感情时，即使这个伤害不大——比如，你最好的朋友忘记了你的生日，老板不喜欢你写的报告，或者有人在网上发布了一张令你尴尬的照片。X 部分不关心伤害的大小；它会利用任何因素，不管它有多小，让你成为受害者。重要的是，你使用这个工具的速度。你回应的速度向 X 部分发送了一则消息：你将不再会被它的谎言欺骗。

对我们大多数人来说，使用工具是一种不寻常的处理创伤的方式。正因如此，开始时，我们往往会错过第一个提示，然后在告诉别人生活有多么不公平的过程中开始警醒。没关系，事实上，你可以把这看作第二个提示——突然意识到你一直在重复伤害自己。一旦你看到这一点，立即使用“塔”这个工具。

当一些重大且令人震惊的事情发生时，比如突然被炒鱿鱼，或者发现配偶一直对你不忠，人们特别容易错过第一个提示。就好像震惊的情绪驱逐了你学到的处理创伤的所有知识。但在一天结束时，你是怎么坠入反复受伤的地狱的并不重要；重要的是，你要尽可能快地使用“塔”逃离这个地狱。

不要松懈。我有个病人，读了父亲的遗嘱后发现自己被剥夺了继承权。有段时间，他不得不每天使用 30 次“塔”。随着过度的受伤感的消退，他最终能够对父亲的优缺点有一个更平衡的看法。

这个工具的第三个用途是为将来的伤害做准备。通常你知道某事即将发生，比如，一场活动、一次工作演示或一场表演存在受伤的风险。即使离那令人胆怯的事件发生还有几周，每当预期的恐惧出现时，你就使用这个工具。你想象受伤的情形，唤起疼痛，然后使用工具处理它。当你先发制人使用这个工具，你会发现，当事件真正发生时，自己没那么害怕了。

最后，有些人需要将使用这个工具作为一项日常练习，独立于他们生活中正在发生的事情。如果你的受害者情结由来已久且根深蒂固，“塔”可以成为改变你性格的综合努力的一部分。

这是一个野心勃勃的项目，但对那些有决心的人来说是完全可能的。它要求你以一种系统的方式每天使用“塔”，无论是否有事需要它。任意选择两三个时间点来练习这个工具：也许是早上起床时和晚上睡觉前，或者是吃每顿饭时。

真正能改变性格的秘诀是，用你能记得的最痛苦的创伤来练习。当有人说了或做了什么通常会激怒你的事，你却不再感到困扰时，你就知道自己发生了改变。无论传统智慧告诉你什么，你能在多大程度上改变自己是没有限制的。

现实生活中的“塔”

如果认真使用“塔”，会发生转变的将不仅仅是一段受伤的感情，而是你的整个内在。在古代，这种内在的转变是从水中的洗礼仪式开始的。现代人的转变不是一种仪式，而是真正的转变，其媒介不是水，而是痛苦。

你无法转变某种东西，除非你接受它，让它进入你。这种转变的驱动力是心。心接受你遭遇的任何痛苦，并转变它。它将死亡转变为更多生命，当你感受到内心“额外的”生命时，死亡就变得不那么令人生畏了。

这种额外的生命是勇气的基础，无论死亡以何种形式出现，包括批评、失败、拒绝、恐惧等，你都会感到有足够的生命去战胜它。但思考它并不能创造更多生命。你需要“塔”以一种你能感知的方式来释放心的力量。

所有关于死亡和生命的讨论都可能会变得有点儿抽象。你日常注定要经历的一个死亡的例子就是失败。我们倾向于在失败后放弃，因为无法承受失败带来的更多伤害。无论你失败多少次，努力使用“塔”都有助于你继续前进，它是你战胜死亡的方法。安德鲁就是一个绝佳的案例。

第一次尝试失败后，安德鲁不愿冒险再另做一个在某特定时段播出的节目，这已经够糟糕的了。当他责怪导师没把他未争取到的职位给他时，他毁掉了提升自己职业生涯的全部机会。我清楚地告诉了他这一点。经过几周痛苦的思考，他来到我的办公室，说他想和导师和好。

“我想为自己表现得像个幼稚的混蛋而向他道歉。”

我问他为什么。

“他是对的，我需要再做一个节目。”

“你在等什么？”

“像那样收回自己说过的话真丢人。”

“这是件好事。”在他用“你疯了吗”的眼神看我之前，我解释道，“羞辱只是另一种类型的痛苦。如果你真的想重拾事业，你的感情将会受到很大伤害。把它当成你工作的一部分吧。”

“那不是意味着我失败了吗？”

“不，那意味着你不明白什么是成功。成功不是你的下一个节目获得称赞，甚至不是你有了自己的节目。成功是一种生活方式。”

我看得出他不明白。

“你无法全身心投入任何事的原因是，如果它失败了，会给你造成太大的伤害。成功意味着冒着失去一切的风险，如果失败了，就再来一次。然后再来一次。没有抱怨。没有借口。”

为了像那样生活，安德鲁需要频繁使用“塔”。他的导师和蔼可亲，但对他到底有多坚定持谨慎态度。我告诉安德鲁，他不需要向导师证明——他必须向自己证明他愿意为此投入什么。当他使用这个工具时，有一件事立刻显而易见：他不再抱怨和发牢骚了。他作为受害者的日子结束了。而他的未来将是他自己努力的结果。

生命的上升本质（循环向上）

不管我们喜欢与否，伤害都是生活的一部分。X 部分试图抵制它，办法是让你觉得发生的一切都不应该发生。这并不能让逆境消失，只会延长它，把你变成一个受害者。“塔”之所以能起作用，是因为它允许你拥抱逆境，继续前行。

你越愿意拥抱伤害，就能越快地从中恢复。随着病人不断地使用“塔”，他们恢复的时间从几天缩短到几分钟甚至几秒钟，看到这些令人鼓舞。当这种情况发生时，他们会有一种“重生”的感觉。他们有更多精力，感到更自信，在生活中有更大的目标。

生活不是直线前进的。每个人的生活中都有痛苦和不幸的时刻。随着一个个障碍被克服，我们有能力把生命力量和恢复联系起来——这就是死亡和重生的循环。下图展示了它是怎样运行的：

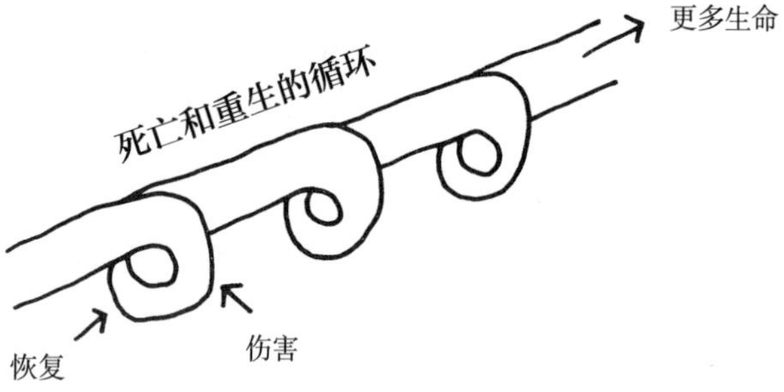

在生活中，你会受到伤害。也许配偶对你不忠，或者孩子在成绩上撒了谎，或者你在公司合并中被裁员。安德鲁在他的职业生涯中反复受伤——父亲嫌弃他的职业，他没有受邀参加会议，年轻的联合主播先他一步有了自己的节目。

不管那个创伤是什么，它都会让你陷入混乱，正如图中向下弯曲的线所表达的。这一刻发生的事情很关键。如果你屈服于X部分，抱怨伤害，你会成为一个受害者，被困在这个循环的“死亡”阶段，一遍又一遍地重复伤害自己。

“塔”将你与生命力量相连，让循环曲线再次回升。这种重生让你充满活力和新生感，即使在最具挑战性的情况下也是如此。这些死亡和重生的循环是无止境的。它们是生活本身的基本周期。

起初，大多数人不喜欢余生要不断经历这些循环的想法。但是，拥抱甚至期待这些循环，会带来巨大的回报。你获得了一种全新的自信，因为你知道，尽管生活会伤害你，你却总能获取生命力量，以及克服你遇到的任何障碍的潜力。

每次你经历死亡和重生的循环——无论大小——你都向自己证明了这一点。每次使用“塔”，它都会让你脱离死亡，重获生命。这不仅仅是一个概念，它是你能感觉到的现实。它让你比受伤害前处境更好。你每克服一个障碍，你的生命力量都会变得更强，生命的整体轨迹也会再次上升。

父亲

古代世界对死亡和重生的循环，以及它们与生命力量的联系，有着比我们今天更直观的把握。他们把自己的智慧编码，放进神话中，塑造了富有远见的英雄形象，他们接受命运，深陷死亡，只有在获得新的力量后才得以重生。在这些故事中，命运往往由“父亲”来代表。

最经久不衰的例子是耶稣的故事。在被钉上十字架的前一晚，他独自在客西马尼的花园里散步祈祷。他祈求上帝赦免他可怕的命运，说："我父啊，倘若可行，求你叫这杯离开我。"通过这一请求，耶稣认定"父亲"是命运的全能作者。他接下来的几句话揭示了我们与"父亲"的关系："不要照我的意思，只要照你的意思。"耶稣承认"父亲"的意志支配着发生在我们身上的每件事，我们的角色就是接受这一点。在这种接受中蕴含着重生的潜力。

"父亲"是一个原型。他和你个人的、人类的父亲没有任何关系。在上一章中，我们将原型"母亲"描述为宇宙中爱的力量。原型"父亲"则是宇宙中命运的力量。

当你想到命运时，你想到的是那些无法避免或者有必然性的事情。时间是一个很好的例子。如果你是在 8：30 读到这里，不管你喜欢与否，半小时后就是 9：00 了。当你感觉到时间流逝的必然性时，你就在体验"父亲"。时间的化身是时间之父，这并非巧合。

在你的生活中，有些事情就像接下来的 30 分钟将会过去一样，必然会发生。它们来自"父亲"，它们不可避免。很多这样的事情都令你感到受伤：你在一段自认为进展顺利的婚姻中，但不知怎的，配偶告诉你他或她不开心；你全心投入为客户做销售演示，他们却决定与你的竞争对手合作。这样的例子数不胜数，有的琐碎，有的悲惨。但不管大小，所有这些事情都有一个共同点：它们都是"父亲"送给你的。

更重要的是，一旦"父亲"把一件事送进你的生活，它就是不可更改的。如果你回顾过去发生在你身上的任何事情，现在它是不会改变了，你不能回到过去阻止它发生。你对它的看法——不管是希望它没有发生，还是为此责怪自己或别人——无关紧要。它被永远铭刻在了过去。这很重要，因为所有的伤害都发生在过去，即使它们就发生在一秒钟之前。当你回顾无论是昨天还是10年前的伤害时，你是在看“父亲”的作品。

X部分抵制这种可怕的不可更改性。但当你能够承认所有的伤害都有一个终极的源头“父亲”时，它们会更容易被接受。你可以不再做一个受害者，不再纠结于谁伤害了你，这件事为什么会发生，它有多不公平，等等，而是把注意力转移到恢复上。“父亲”伤害了你，细节无关紧要。你要做的是从中获得成长。

但为什么成长必须如此痛苦？在我们身上，“父亲”比我们自己看到了更多潜力——来自我们每个人内在脉动着的生命力量。但他也看到，很多时候我们无法触及这种力量。X部分给我们的心蒙上了一层完全自我中心的硬壳。就像必须砸开坚果的硬壳才能吃到里面的果实一样，“父亲”也必须打碎我们的心才能让我们体验到那种力量。我们面对的伤害是一份礼物。它们打破了蒙住我们的心的外壳，引导我们重新发现生命力量，充分发挥自身潜力。

常见问题

我从没想过自己是个受害者，那么“塔”对我适用吗？

大多数人不喜欢把自己看作“受害者”。但我们是用这个词来描述每个人时不时会陷入的一种精神状态。处于这种精神状态时，你是在评判伤害（“它不公平”）而非化解它。那并不能帮助你恢复，它实际上阻碍了你。所以，无论你怎样描述自己，“塔”都会帮助你更快地从这种精神状态中恢复过来。

我是一名作家，我的投稿从未被任何地方接受过。这让我感到痛苦，但也让我开始思考，我是应该继续写作，还是换一种我能做得更成功的事业。难道不该有个放弃点吗？

这是一个重大而艰难的决定。你不想放弃一些你可能满怀热情的事，因为你无法应对由此而来的痛苦。你首先要做的不是使用“塔”获得一些外在的成果，而是让自己走出受害者的状态。当你受伤时，要评估你的天赋是不可能的。那意味着每一次受伤都需要立即处理。当你不再感到灰心丧气，你才可以客观地判断自己是否应该换个职业。如果真的放弃之前努力的方向了，你需要的是带着胜利的信心或力量改变职业生涯，而不是因为你之前失败了，或者你想避免未来的痛苦。这需要你的而不是 X 部分的决定。

我注意到这章的图和第 5 章的图很相似。是什么原因？

本书中描述的每个问题的结构中都存在循环性。有时与你的冲动做斗争容易些，有时却更难；有时你精力充沛，有时却精力不足；有时你情绪高涨，有时却萎靡低落；有时处理创伤容易，有时却要难一些。我们想向你展示的是，工具怎么能让你更快恢复，这意味着你生活的整体质量提高了——上升了。从某种意义上说，整体过程是一样的，但具体的挑战和技巧在每一章都有所不同。

在你们的第一本书《自愈》中，你们描述了一种被称为“迷宫”的精神状态。“迷宫”和“塔”所针对的情况有什么不同？

那些被困在“迷宫”中的人通常专注于一次特定的过错或一个人。他们痴迷于等待对方的道歉或弥补。你所有的注意力都被吸引到那个人身上，唯一能让你走出“迷宫”的是工具“积极的爱”。相反，成为受害者和你与整个世界的关系有关。这不只关乎一个占据了你思想的人，而是认为生活中的一切都在反对你。你的生活因恐惧而狭隘。如果你试图打破那种状态，你就不得不经历恐惧，这感觉像是一次死亡。这个过程比走出“迷宫”要更深入，它会培养出一定程度的勇气，来改变你与生活本身的关系。

当我在“塔”里时，我心中充溢的光是什么？是神吗？

这是一个常见的问题。我们发现，开始时以让你最舒服且能帮助你使用工具的方式来回答问题会更好。视觉化有很多可能的变化。你也许更喜欢暖光或冷光、强光或漫射光。没办法做到这些。你能做的最好的事情是带着开放的心态进入，并假设在此过程中，你对这里的光到底是什么的认知将随着体验而发展。

“塔”的其他用途

“塔”能增强你的自控力。

受伤时，我们倾向于采取行动，要么报复，要么让自己感觉好些，或者两者兼具。这可以表现为愤怒、吃东西、调情等形式。因为“塔”使我们能够快速处理创伤，也能帮助我们抑制自我毁灭的行为。

弗兰克是一名警察，在一个治安很差的社区工作。巡逻时，几乎每个他遇到的人都认识并尊敬他。他成长于一个破碎的家庭，小时候受到过虐待。他每天都带着深埋心底的羞耻四处走动。因为害怕有人发现他的秘密，他在生活中有意疏远他人。他只允许社区的青少年靠近自己。他总能给予他们指导，他自己在这个年龄段从未得到过这样的指导。

尽管他受到了青少年的喜爱，但辖区内的大多数人会避开他。有几次，当有人问他有关他自己的问题时，他怒不可遏，不得不走开。那些问题没有恶意，但他把它们误解为对他“奇怪”背景的指控和审判。他会一遍又一遍地重温这些对话，直到它们聚合成一个巨大的伤口。

他不想在情感的流亡中度过余生，于是鼓起勇气开始接受治疗。“塔”非常有用，因为它允许他诚实地对待发生在自己身上的事，然后立刻使用工具把情感上的痛苦保持在可容忍的水平。经过缓慢而连续的步骤，他开始释放愤怒，不再感觉自己是发生在 20 年前的虐待行为的受害者。

“塔”能让你在创造性和人际交往方面承担更多风险。

如果不能从伤痛中恢复，你会倾向于规避风险。(根据定义，让事情有风险的是你受到伤害的可能性。) 因此，“塔”能让你更好地应对风险，这些风险会将你引向完整的生活。

艾丽斯做一个股票经纪人的助理已有 5 年了。她的老板快人快语，擅长说服他人，穿着得体，人脉广泛。但是他很懒。艾丽斯正好相反。她做事有条理，且富有好奇心和责任感，但不擅长自我推销。她的老板依靠她及时掌握研究部门产出的技术信息。在不想被打扰的时候，他也会依赖她去接听客户电话，这是常有的事。

结果，她积累了大量投资知识，并与老板的大多数客户建立了密切的私人关系。一段时间后，他们更愿意和她而不是她的老板交谈。因为她安静，忠诚，不会抱怨。几年后，她鼓起勇气问她的老板，是否愿意帮她进入一个专为有抱负的经纪人开设的培训项目。

他拒绝了。不精于人情世故的她对老板没有认识到她的潜力感到震惊。真正的问题是，他清楚地认识到了她的潜力。他再也找不到像她这样的助手了，如果没有她，他就得自己干活。他告诉她，她还需要再磨炼几年才会被考虑推荐去那个项目。

她无法摆脱这样一种想法：如果他们易地而处，她就不会那样对待他。她被扔进了一个充满伤害的世界，不知该如何逃脱，她开始接受治疗。我告诉她，她必须辞掉那份工作，凭着自己的能力进入那个项目。她这辈子从未冒过那种风险。

我们慢慢开始练习使用“塔”。然后，她使用这个工具帮助自己去冒一些小的风险，比如在网上联系其他有抱负的经纪人。之后她变得更大胆了，想休假时，她会勇敢地面对老板，拒绝做那些理应由他负责的事情。最后，她用这个工具积累了足够的勇气，辞职了。尽管无法预料这一选择会把她带到哪里去，但走出办公室时她知道，如果世界击垮了她的信心，她可以重新获得它。

“塔”能帮助你与难打交道的人相处。

每个人的生活中都有爱伤人的人。如果这个人和你关系不亲近，比如你们只是认识，你可以避开或者摆脱他。但有时他是你的孩子、岳父、手足，或者某个你无法忍受但又没法摆脱的关系亲近的人。通过使你更快地从伤痛中恢复过来，“塔”让你可以和那个人相处，并消除他对你的影响。

布鲁斯是一家拥有几千名员工的大型制造公司的首席执行官。他强硬而果断，很清楚自己想从每个员工那里得到什么。在工作中，他公正，始终如一，但在妻子那儿，他却没有发言权。她会在他说话时打断他，甚至在他试图表达自我时做鬼脸。周围有其他人时，她不会让他闭嘴；在那些时刻，他们的婚姻显得很和谐。但当他们单独相处时，那种和谐就结束了。

他习惯了商业世界中的冲突，在必要时，他能唤起强烈的攻击性。但他成长于一个不断发生情感和身体冲突的家庭，他发誓不会让自己家里有那种能量，尤其是在他们有了孩子后。他严肃地对待自己和平守护者的角色，妻子知道这一点，只要有机会就激怒他，让他失去控制，破坏平和的氛围。

他不知道如何在不起争执的情况下终止她对他的折磨，这使他陷入了进退两难的境地。如果不能阻止她，他觉得自己不配作为家长和男人；如果他反击，他的家庭会受到冲突的毒害，他会失去和平守护者的角色。唯一的答案是，在她发动攻击期间及之后都使用“塔”。矛盾的是，每次使用工具转变自己受伤的感觉时，他都会感受到一种自信，这种感受并非基于他的举动影响到了妻子的行为。

总结

X 部分是如何攻击你的：

当有人伤害你或令你受委屈时，X 部分会让你满怀受伤的感觉，这种感觉如此强烈，你无法继续毫无防备，不能再全力以赴地对待生活。X 部分通过“再伤害”使受伤的感觉保持鲜活。

这是怎么让你失去活力的：

如果不知道如何从伤痛中恢复过来，你就没有勇气表达情感，进行创造，而那对于过上完整的生活至关重要。你不是完整地活着，而是获得了 X 部分颁发的笨蛋奖：自以为是地确信，无论发生了什么，都不应该发生。你失去了人际关系和机会，过着怯懦的生活。

X部分如何诱使你屈服：

潜意识里，它让你相信你是“特别的”。你超越了作为日常生活组成部分的那些有伤自尊的遭遇。本质上，它把每一次受伤都定性为一种“死亡”，一个你无法恢复的终点。当你受伤时（这是不可避免的），它告诉你整个宇宙都在反对你，以此来让你相信你在另一种意义上是特别的。你成了受害者。

解决办法：

“塔”迫使你在情感上死亡，并接受所有受伤的感觉进入你的心。你的心有了重生并参与生活的力量，这不需要你是特别的或“对的”。

07

真、美、善

每次 X 部分把你拖进一个陷阱，你使用工具爬出来时，你就完成了一个循环——每经历一次循环，你都会成长，变得更有活力。在本章中，巴里会向你展示转变的结果：你发现了真、美、善——引导你发挥出最高潜力的力量。

一开始，当你使用这些工具时，你只是感激它们让你摆脱了那些长期困扰你的老习惯。在多年的冲动消费后，你开始遵守预算。以前你晚上总得放松一下，现在你却在做一个项目。一个你寄予厚望的冒险失败了，你没有变得抑郁，而是振作起来，继续努力，以求做得更好。有人总是批评你，但现在，你不会把它放在心上，反而能够无所谓地耸耸肩。

这并不意味着问题不会再次出现。X 部分永远不会停止攻击你，它会把你拖回陷阱：你会不遵守饮食规定，因太累而放任孩子们不守规矩，允许挫折打败你，等等。但通过使用工具，你会从这个陷阱里爬出来。每当你完成一个周期，你的生命力量就会增长。你可能不会立刻注意到这些影响，但不应认为这不会发生。你不会在健身时期望你的体格能在一周内奇迹般地改善，但如果坚持下去，你的身体将会发生变化。这些工具同样要求锲而不舍，当你不断使用它们时，改变的不仅是你的身体——你的整个生命都扩展了。

很难对此抱有信心。当我们成年时，X 部分已成功地减少了我们关于生活可以是什么样的梦想，让我们习惯了打折的可能性。但是，你越是坚持不懈地与 X 部分抗争，就越能感受到生命的无限潜力是多么令人振奋。你的问题不再阻碍你——它们激励你为实现抱负而更加努力地工作。

随着不可能的乌云消散，更加深刻和神秘的变化发生了。毫不夸张地说，当你的生命力量增强时，一切都会改变，甚至包括你如何看待自己和周围的世界。要理解为什么会发生这种情况，我们必须钻研生命中最深层的奥秘之一。

我们随意称为生命力量的东西是一种费解的、强有力的智慧，几乎无法描述。与之相比，我们就像单独的几滴海水，试图理解海洋是怎样运作的——它的潮汐、洋流、波浪、温度等。这超出了我们的思考能力。

但在某种意义上，生命力量试图帮助我们更好地理解它自己。它以真、美、善这 3 种简单的形式出现。哲学家们将其称为“先验”事物——永恒不变的原则，组织起所有的存在。正如圣父、圣子和圣灵代表基督教的上帝一样，真、美、善代表了生命力量的不同方面。

如果你听说过这些原则，很可能是你在大学一年级的哲学课上努力保持清醒的时候。我就是在那时学到了这些——但很快就摒弃了它们，因为它们与我那年的首要任务无关：我真的想要一个女朋友。（我有足够的常识，知道把真、美、善带到搭讪中会让自己永远被贴上书呆子的标签。）即使我对这些原则感兴趣，那也不重要。在学术界，真、美、善被展示为枯燥、抽象的概念。

直到后来，当我不断地使用这些工具，生命力量得以增强时，我才开始体验到真、美、善是使生活有意义的真正的力量。它们开始给予我我此前从未拥有过的东西：一种我在为比自己更伟大的东西而活的感觉。这些想法变成了理念——值得为之而活的东西。

你可能已经感受到了这些力量，只是没有将它们识别出来——每个人都能感受到。但我们希望你能以更统一的方式体验它们的存在，这样它们会成为你的北极星——你生活的向导。它们每一个都会以特定的方式帮助你。真揭露了X部分，曝光了它对你说谎的所有方式。美激励你与X部分抗争，让你瞥见没有X部分的世界有多奇妙。善拥抱了X部分的负能量并将其转化为美德。简单地说，真揭示道路，美激励你走上这条路，而善能使你一路传播美德。正是在这条道路上，你获得了最大的回报：你知道自己是谁，为什么在这里。你的灵魂在宇宙中找到了它真正的位置。

但有个问题。现在，你应该知道，如果真、美、善是我描述的改变生活的力量，X部分会尽一切努力把你和它们隔绝开来。它的方法是为它们每一个创建一个虚假的版本，并让你相信它是真的。X部分找到的替代品甚至不是力量，而只是空洞的概念。（我将用小写字母来指示它们。）一股力量进入你的内心并改变了你——它扩展、激励、唤醒你去行动。概念不会做这些事情。你的头脑理解概念，心却未受触动。因此，当X部分将你引向虚假的版本时，你什么也感觉不到。你在哲学课上感到无聊，没意识到自己错过了一次与超自然力量的邂逅，而这些力量可以给你你向往已久的生活。

任何人都可以发掘这些力量。但是你不得不从一件说起来比做起来容易的事情着手：你必须停止说谎。

欢迎来到说谎者俱乐部

你是一个骗子。

别生气——我也是个骗子，每个人都是。没错……每个人都在说谎，尤其是对他们自己。

如果你需要证据，就看看你制订的无数新年计划吧："今年我要拥有更健康的生活方式，拿出更多时间与朋友和家人在一起，存更多花更少"，等等。如果你没有遵守（我们大多数人在 1 月底之前就放弃了），你就对自己撒了谎。

但谎言不仅仅发生在新年。在前几章中，你已经看到了许多例子：在漫长的一天结束时，你告诉自己"我需要喝一杯"，而真相是，不喝这杯你会更好。你说你太累了，没力气和孩子们一起玩，真相是，和孩子玩耍会赋予你能量。你确信你将永远找不到另一段感情，真相是你已经丧失了洞察力。你的老板提拔了你的竞争对手，你告诉自己"这不公平"，而公平并不是问题所在——你只是被刺伤了。

你知道是谁延续了这些谎言——X 部分。谎言是 X 部分用来让你陷入重复刻板生活最好的方法之一。这就是为什么它让马蒂否认自己缺乏自控能力，让贝丝相信小睡一会儿必不可少，让安徒劳地寻找完美的男人，让安德鲁相信他是一个受害者。你对自己说的每一个谎言就像欺骗之网上的一根丝线——在X部分耗尽你生命力量的同时，让你无法动弹。如果你真的想实现你的潜力，就必须面对这些谎言，并摆脱它们。

这看起来应该很简单。你需要做的就是开始告诉自己真相，然后很快——你就挣脱了X部分的束缚。但是，知道真相真的足以激活改变生活的力量吗？显然不是：每个人都知道过上健康生活需要什么——晚上睡个好觉，坚持锻炼，健康饮食——然而，对大多数人来说，仅仅告诉他们那些还不够。因为即使你知道了真相，X部分也有抵消其力量的办法。它创造了虚假版本的真——剥夺了它改变你生活的能力。你可以在头脑中知道它，但不付诸行动。

我的一位病人是非常艰难地学会这一点的。谢里尔从很小的时候就开始照顾酗酒的母亲。在母女角色互换的日子里，每天晚上，她都会把母亲从醉酒的昏迷中唤醒，给她洗干净，把她搬到床上。第二天早上，她会哄着母亲的老板原谅她的迟到，然后自己去上学。

这不是一个理想的童年，但对谢里尔的影响并非全是坏事。她从小就学会了对自己负责，运营着一个成功的化妆品系列，并在30岁时指导一家初创公司成功上市。但她仍旧过度介入母亲的生活，不断地推着她接受治疗、参加12步小组和治疗项目。她的母亲尽责地参加了所有这些活动，但从来没有任何真正的改变——只是无止境地循环。谢里尔会用甜言蜜语哄母亲清醒，母亲也会继续戒酒。然后她故态复萌，让谢里尔暴跳如雷。母亲会道歉，谢里尔会原谅她，整个循环又会重新开始。

为什么一个聪明、成功的女人会让自己一次又一次地经历这种徒劳的循环呢？在内心深处，X部分让她相信，她有能力把母亲变成一个负责任的、清醒的成年人。

幸运的是，谢里尔有一群密友，他们组织了一次临时“干预”。他们告诉她真相：“你的努力都白费了，与此同时，你没有生活——你最后一次约会是什么时候？”起初，谢里尔会与他们争论，但最终她意识到自己做得太多了。她的母亲必须为她自己选择戒酒。这次干预帮助谢里尔接受了真相：她没能力解决母亲的酗酒问题。

你会认为这就是故事的结局。既然她承认自己无能为力，就该停止治愈母亲的尝试，对吗？

不对。X部分有一种神奇的能力，它让我们即使承认了真相也会继续生活在谎言中。它会潜伏下来等待合适的机会。在谢里尔的例子中，一位同事告诉她，马里布一家新开的康复中心帮助了她儿子。它积极乐观、不让人感到羞愧的经营理念，可与豪华酒店相媲美的住宿条件，与谢里尔母亲参加的任一康复项目相比都是一个巨大的飞跃。谢里尔已经承认自己无能为力，她怎么解释自己又向母亲推荐了这家康复中心？X部分为她找到了一个简单的理由：“你已经好几个月没跟母亲念叨她喝酒的事了。这是一个优秀的项目。如果你的母亲因为你拒绝告诉她一些本可以拯救她的事而死于酗酒，你会是什么感觉？”

这很有说服力。但欺骗自己是一回事，对一群可能指责你故态复萌的人说谎是另一回事。所以，当谢里尔和朋友们见面时，她表现得很强硬，看着每个人的眼睛，重申她接受自己的无能为力。“我想做的只是把康复中心的宣传册递给她，然后走开——她可以把它扔进垃圾桶，我才不管呢。”这是一场令人信服的演出——当你试图说服你自己和你周围的人时会上演的那种。朋友们同意了，第二天她的母亲就登记入住了。

果然，两周后，谢里尔接到了康复中心的电话。她的母亲已经离开了那里且曾喝得酩酊大醉。这一次，谢里尔没有生气，她很消沉。就在那时一个朋友把她介绍给了我。她无精打采，闷闷不乐。“我只是再也看不到任何意义了。我觉得我的心已经死了。”

我对她说，她可以从死亡中恢复过来，并教她使用“母亲”。我的直接目标是利用这个工具帮助她从母亲的故态复萌中恢复过来。但从长远来看，我希望它能让她对真有更深刻的体会。她承认自己无能为力，但并没有体验过它。

谢里尔开始感觉自己更有活力了，随着时间的推移，“母亲”对她来说变得越来越真实。大约一个月后，她来到我的办公室，把她的日记递给我。发生了这么重大的事情，她觉得有必要把它写下来。

> 我爬到床上，记着得使用“母亲”。但在闭上眼睛的那一刻，感觉不一样了——“母亲”实际上和我在同一个房间里，而不仅仅是在我的想象中。渐渐地，她掌控了局面，通过极具真实感的生动形象来引导我。
>
> 我还是个孩子，待在我长大的破公寓里，被旧时的感觉狂轰滥炸：酒和呕吐物的腐臭味，墙壁反射的电视机幽灵般

的光，母亲无精打采、睡眼惺忪地坐在沙发上，胸前放着一瓶杜松子酒。我突然意识到她是多么温柔地抱着它——就像抱着一个婴儿。

我脱口而出："你为什么从不那样抱着我？"我试图把酒瓶从她身上撬开，但她太强壮了。她的脸扭曲成一张布满恶毒怨恨的面具。她从没那样看过我，这让我害怕。她突然站起来走开了。我追着她，祈求道："别丢下我一个人！"但她表现得好像我不存在一样。她走了，门最终砰的一声关上了。她走了。我独自一人。这时我突然想到，我始终是一个人。我开始哭……呜咽声从一个我从未知晓的地方传来。

有个东西告诉我要再次使用"母亲"。她立刻向我走来，无限涌动的温暖爱意包裹着我，把我从深渊里托起来。她和我待在一起，悲痛渐渐平息了。当我看着她的眼睛时，我看到了一些新的东西：她为我敢于面对真相而自豪。我的母亲爱酒胜过爱我。她总是这样。我必须承认这一点。

哪个版本？

X 部分将尽其所能阻止你体验真。它的第一个策略很明显——它让你对自己撒谎。谢里尔只是拒绝接受：经过数十年的尝试和失败，她还是无法改变她的母亲。但即使你愿意面对真，X 部分也有一个更狡猾、更聪明的策略。它创造出一个虚假版本的真——抽干了它所有的力量。它让你相信真是抽象的，只是你脑海中的词句。所以，一旦谢里尔意识到“我无能为力”，她就觉得她完蛋了。她觉得承认一些她以前从未承认过的事情很高尚，但那没有改变任何事。

为了解放自己，谢里尔必须以一种新的方式体验真。她使用了“母亲”来完成它，但本书（以及我们的第一本书）中的所有工具都将引导你获得关于真的新体验。真不再是一种对你的生活没有任何影响的无力的思想，而是成了一种不可抗拒的照亮你灵魂的力量。真是一种启示性的力量——它照亮了X部分最黑暗的阴谋。它的启示性力量使你能够以你从未想过可能的方式扩展你的生活。

为了遵循真，你得能够将它和假的替代品区分开来。以下3个原则向你展示了如何进行这种区分。你将开始遵循真生活，而不是仅仅谈论它。

原则一：真是一种力量，而非思想

当你使用这些工具的次数足够多时，真就会像一股力量那样击中你。这就是为什么我们会说：“我被真击中了。”虚假的版本，因为只是文字，被剥夺了这种活力。谢里尔就是这样宣布自己无能为力，然后转头把母亲送到另一个康复中心。X部分要做的就是用一个真来取代另一个真，用“我无能为力”来取代“如果我拒绝把挽救生命的信息告诉母亲，我就是个糟糕的女儿”。直到她反复使用“母亲”，被真击中，她才能够打破旧习惯。

不要误解：承认真相胜过欺骗自己。“我只是发脾气，说了些伤人的话。”“我失去了理智——事情并不像看上去那么糟。”“今晚兴奋起来让我感觉很好，但长远来看这会伤害我。”但X部分想让你相信，你的生活会仅仅因为思考这些真相而改变。它不会。虚假版本的真是安全的，遥远的，不接地气的，因为它只发生在你的头脑中。真作为一种力量在你的整个存在中轰鸣。它有自己的生命。伟大的美国小说家大卫·福斯特·华莱士说得好：“真会让你自由。但要等到你把事情办完。”

原则二：真会伤人

被这种超自然的力量抓住是痛苦的。事实上，我们告诉病人：“如果不痛苦，你很有可能是在欺骗自己。”

真是残忍的，它举起一面镜子让你看清楚自己是谁，而不考虑你想成为谁。你想在生活中做一些特别的事情，但并没有去做。你曾发誓不会犯父母犯过的错误，而你正在对你的孩子犯同样的错误。人们说你有问题，你在内心深处知道他们是对的，却一直否认。真迫使你的身份扩张，既容纳坏的东西也容纳好的东西。

真也是令人痛苦的，因为它揭露了别人告诉你的谎言。谢里尔的母亲总是表现得像个无害的老妇人，她唯一的罪过就是从未振作起来。真揭露了更黑暗的一面。在倒霉的酒鬼背后，是一个剥削孩子的家长，她爱酒胜过爱需要她的女儿。过去她强迫谢里尔背负任何一个孩子都不该背负的责任，现在她又操纵成年的谢里尔——努力到刚好够保持清醒，以维系谢里尔的希望和金钱援助。只有真启示性的力量使谢里尔瞥见了她母亲的 X 部分，寄生在她身上，快乐地吸走自己女儿的生命。这是令人痛苦的，但没有它，谢里尔将永远无法设定她需要设定的界限。

你必须接受你在自己的生活中逃避的任何一种真所带来的痛苦。这个练习会让你预先了解将要承受的痛苦，以便你做好准备应对它：

> 想想生活中你可能会对自己撒谎的地方。也许你承诺过要做某事，但总是拖延。也许你每次和别人吵架时都把所有责任推到他们身上。也许你曾骗自己去相信你亲近的人（配偶、朋友等）在努力提升自己，而实际上他并没有。
>
> 现在闭上眼睛，想象接受真。你没兑现承诺，辜负了自己和他人。对于你和他人之间不断升级而非减少的冲突，你没有负起自己的责任。你的配偶没有努力提升自己——他被困住了。
>
> 不要轻视或逃避真。相反，要面对它，领会它。感觉怎样？

你刚刚体验到的痛苦与你被真——一种有自己想法的力量——灼伤时的感受毫无可比性。我们极少感受到这种痛苦，因为人类天生懒惰，倾向于逃避痛苦。我们希望真为我们服务，不要遵循谎言生活所带来的痛苦。这是 X 部分提供的版本如此诱人的另一个原因：它不会带来痛苦。你在头脑中想想它……就完了。

当你允许真撕裂你时，你感受到的痛苦的自发涌动有一个名字。传统心理学称之为“宣泄”。悲痛、恐惧、愤怒等都是体验的一部分。大多数心理咨询师把注意力集中在这些浓烈的情感上，认为仅仅释放它们就有疗愈效果。其实不然。古希腊人对宣泄是什么有更深刻的理解。对他们来说，它意味着一个你被净化的过程。你的什么被清除了？ X 部分用来限制你生活的谎言。想象一下：有那么一刻，面对自己，你是自由的，诚实的，全然干净的。真——永恒、不变、不熄的火焰——已经烧掉了所有的谎言。在挣脱 X 部分的束缚的时刻，你可以实现古代世界最高的指令：“认识你自己”——作为有缺陷且有限的存在，你可以成为充满可能性的存在。你重生了。

这改变了生而为人的你。如果你的生活完全遵循真，你就能看到你可能成为的任何角色。你也能清晰地看到你的不足之处。最重要的是，在内心深处你知道，自由还是奴役，这是你余生中每时每刻都要面临的选择。

原则三：真要求持续的行动

还有另一种方法可以区分真和 X 部分造的虚假版本。虚假版本是一次性的——你说出它（“我无能为力”），就结束了。但要让真成为现实，它必须变成持续的实践。

你无法彻底摆脱X部分，它不会仅仅因为你获得了令人痛苦的启示就停止说服你欺骗自己。例如，谢里尔不得不继续与拯救母亲的冲动做斗争。她必须把她在与母亲的关系上获得的启示扩展到她所有的人际关系中，她在其中发现了对他人承担过多责任的模式。遵循真必须成为她的一种生活方式。

你要做同样的事，就必须把“不切实际”的真理转化为现实世界中的行动步骤。如果你这样做了，你将会获得以前从未体验过的完整感。试试这个练习：

回到你在上次练习中识别的个人的真。你没有履行诺言。你拒绝为自己在冲突中扮演的角色负责。和你亲近的某人说他在努力提升自己，其实并没有。

确定几个你可以采取的具体的行动步骤，它们会与真保持一致。你可以履行现在许下的承诺之一。你可以向与你争吵过的某人道歉。你可能会告诉那个说自己试图改变的人，你开始感到绝望了，因为改变将永远不会发生。

现在，想象一下，在之后几周、几个月、几年，及至更远的未来，采取这些步骤以及其他你想到的东西。想象在很长一段时间内，你不惜一切代价与真保持一致。看看你是否得到了你将成为何种人的暗示。

> 专注于你内在的不同，而不是外在环境会有怎样的改变。成为新的“你”是什么感觉？

这就是“你”，可以在余生中遵循真，为比你自己更伟大的事物服务。这里有某种神奇的东西。我们大多数人为自己而活，狭隘地专注于自己当下的需求和微不足道的恐惧。但当你献身于真时，你会与某种更广阔的东西结盟——一种在你出生前就存在、在你死后还会继续存在的力量。当你把生命奉献给比自己更重要的事情时，它才有意义。

你也会经历前所未有的能量爆发。你可能没有意识到，但与真这种具有超自然能量的力量做斗争令人筋疲力尽。在顿悟前，谢里尔总是被她的母亲弄得疲惫不堪，以至于放弃了自己的感情生活。一旦向真投降，你因试图拒绝它而浪费的所有精力都可以为你所用，你会感到有动力去扩展生活。

这些并不意味着X部分会停止让你对自己撒谎。但你与真的关系越紧密，就越容易看穿那些谎言。事实上，我们的很多病人处于这个阶段：希望在说谎的过程中抓住X部分。他们知道，无论这个谎言是什么，都有一个扩展生命的真在下面等着被发现。

我们不想让这听起来很简单：这些奖励只适用于那些有毅力的人，他们能够承受揭露自己的谎言的痛苦，并且不断努力遵循真行事。但幸运的是，生命力量为我们提供了行动的动力源泉，它的载体是美。

到处都是水，一滴也不能喝

一位年轻的女士用诱惑的眼神盯着你，她的金发在轻柔的微风中起伏。她是可爱的化身——完美无瑕的皮肤，能看穿你的蓝眼睛，像黄油般融化的声音。如果你是个女人，她保证你能成为她；如果你是个男人，她保证你能拥有她。一秒钟你就相信了，如果你（以“令人难以置信的低价”）买了她卖的东西，这些事就会发生！

美的形象在广告牌上、电视上、杂志封面上和电影中持续地轰炸着我们。考虑到我们痴迷美的程度，你会认为我们能够在自身和周围世界中看到它。但你多久在镜子里审视自己一次，并欣赏看到的东西呢？你多久被周围事物的美击中一次？大多数人被和美隔绝开来——即使他们看到美，美也不会以任何永久的方式影响他们。

发生了什么？我们被各种美的形象轰炸，但它们未能以它们本可以做到的方式激励我们。简单地说，我们只在事物表面寻找美。漂亮的女人年轻、婀娜多姿、身材曼妙。英俊的男人棱角清晰、轮廓分明、肌肉发达。但要欣赏美的普遍性，我们必须看得更深。你可能有过在一些表面上平凡无奇甚至丑陋的东西中看到了美的时刻。这些经历教会了我们某些重要的东西：真正的美在一切事物的表面之下闪光。

什么是美?

在电影《美国丽人》中，一位年轻的摄像师问他爱上的女孩：“你想看我拍过的最美的东西吗？”她点了点头，他开始播放录像。镜头跟随着一个被丢弃的塑料袋，它在微风中旋转着，背后是一堵颜色沉闷的红砖墙，地上铺满了枯叶。这个场景是如此平凡，你通常不会注意到它，但你感觉到了一些其他的东西。在画外音中，这个年轻人讲述道：“那一天，再过几分钟就要下雪了，空气中像通了电。你几乎能听到那种声音，对吗？这个袋子只是……在和我跳舞。就像一个小孩在求我和他玩。”你突然意识到，表面平凡的东西背后却有一种无法形容的美。他继续讲述：“就在那一天，我意识到事物背后有整个的生命……这种不可思议的仁慈的力量想让我知道，没理由害怕……永远。”

那就是美：从平凡世界的表面背后窥见的生命力量。在这本书中，我们已经描述了你内在的生命力量。但生命力量也在你之外。它赋予人活力，并栖于物体中——建筑物、街道、铁路、电线杆等。这些事物内在的生命力量赋予它们真正的美。如果你能感知到它，即使是表面上很丑的东西也能恢复生气，给你启示。如果你不能感知它，就会在与X部分的对抗中被切断与强大盟友的联系。

美是丰富且永远存在的，这就是为什么那位摄像师发现它如此具有抚慰人心的力量。X部分使我们习惯于认为美局限于某些地方或某些人，但并非如此——它无处不在。美在万物的表面之下发出微光，让平凡的事物也闪耀着生命的光芒——一个在风中翩翩起舞的塑料袋，一位度过了漫长而丰富的人生的老人饱经风霜的脸，一条被广告牌和垃圾毁了的街道。像真一样，美是一种自发的力量——它来自高处，有潜力打破束缚并改变你的生活。

美为什么重要?

对大多数人来说，真为什么重要是显而易见的。但我们为什么要关心美——它为什么重要？美给我们提供了一些在其他任何地方都无法获得的东西：激励我们尽己所能地与X部分做斗争。敌人最强大的武器是它创造的不可能感：抗拒诱惑、克服障碍、达到生活的要求，这些似乎是不可能做到的。这种惯常的敲打——“放弃吧，你做不到，那是不可能的。”——在我们行动之前就摧毁了我们的梦想和抱负。

这就是美为什么如此重要。通过揭示X部分未触及的生活的整个维度，美就像一道阳光，穿透了不可能的瘴气，给你注入一切皆有可能的感觉。美激励你活出“我能”而非“我不能”的人生。

美以不同的方式影响着每个人的生活。它让摄像师克服了自己的恐惧。它将以一种独特的方式激励你。但我从未遇到过任何一个人不觉得美能将他们从自己的局限中解放出来，哪怕只是短暂地。听到特定歌曲的节奏与和声可以促使你比平时锻炼得更努力，更持久。孩子的欢声笑语能够驱散你的消沉。异常绚丽的夕照可以激励你以更有创意的方式表达自己。

美是对抗X部分的一种独特的资源，因为它无处不在，你可以随时随地发掘它。此外，它对每个人——富人或穷人，应得或不应得的人，受过教育或没受过教育的人——来说都是可获得的。就像上帝的恩典一样，它是被给予的，不是挣来或买来的。你永远不必担心会用完，因为它是无限的——它过去从未被耗尽，未来也永远不会。无限仁慈的美从不停止给予自身。

X部分让我们相信美不重要的方法之一是说服我们生活只要过得去就行——就好像我们只是勉强活着罢了。在一个你随时可能死去的世界里，美似乎是轻浮的。但它并非这样——它也从来不是这样。即使在史前时代，专注于生存的人类也会用绘画装饰洞穴。笛子的发明可以追溯到公元前4万年。

即使到了现代，那些生存受到威胁的人也依赖于美鼓舞人心的力量。关于这一点最引人注目的例子之一出现在《活出生命的意义》一书中，维克多·弗兰克尔描述了自己被囚禁在纳粹集中营的经历。在集中营里，始终存在被枪毙、被送进毒气室或被绞死的威胁。因为没有自来水、卫生设施和足够的营养，你也可能会因为饥饿、疾病、过度劳累或精疲力竭而慢慢枯萎。然而，对弗兰克尔来说，正是周围萧瑟阴郁的环境促使他从美中找到了支撑自己的力量。

> 我们又一次在战壕里工作。在我们周围，黎明是灰色的。灰色是天空的颜色。在黎明的微光中，雪变得灰蒙蒙的。

> 我的狱友们衣衫褴褛，脸色灰白。我又在默默地和妻子交流，或者也许我是在挣扎着寻找我受苦以及慢慢死去的原因。在对即将到来的死亡引发的绝望的最后一次暴力抗议中，我感觉到我的灵魂穿透了笼罩的阴郁。我感觉它超越了那个没有希望和意义的世界，我从某个地方听到了一声胜利的“是”，回应了我关于终极目的是否存在的问题。就在那一刻，在巴伐利亚破晓时分悲凄的灰色中，远处的一间农舍里亮起了一盏灯，它耸立在地平线上，仿佛是被画在那儿似的。“Et lux in tenebris lucent”[①]——光在黑暗中闪耀。

如果维克多·弗兰克尔能看到美穿透了纳粹集中营的萧瑟阴郁，它必定无处不在，每时每刻都能感受到。美就像你周围的空气，只要你需要，随时都可以呼吸。

对美的攻击

那么X部分是怎样阻止你那样做的呢？就像对真一样，它用一个虚假的版本来代替真实的东西。鉴于美是无限的，所有人在任何时候都能感受到它。而虚假的版本是有限的，只有少数精英才能得到它。而且，因为有限，虚假的版本只会激发竞争，对它的征服和占有成为我们衡量自己地位的货币。如果一

---

① 拉丁语。——译者注

个男人看到一个漂亮的女人，仅赞美她是不够的——他必须“拥有”她，如果她和别人调情，他会觉得受到了威胁。对富人来说，仅欣赏毕加索的画是不够的，必须买一幅，才能在那些买不起的人面前占上风。甚至自然之美也可以用于自我炫耀：仅敬畏珠穆朗玛峰的壮丽是不够的，数量空前的登山者为征服它的欲望所支配。

但等一下。如果美无处不在，每个人每时每刻都能感受到，谁会在乎别人是否攀登过珠穆朗玛峰，买过毕加索的作品，或者在派对上与一位漂亮的同伴一起出现呢？他们为什么不愉快地继续欣赏那个在微风中跳舞的美丽塑料袋呢？

让我们在美无限可得的情况下去为它竞争，需要 X 部分制造出一种大众错觉。记住，美是生命力量的一部分——一种弥漫的、无形的、在万物表面之下闪光的能量。试图占有它是绝无可能的，就像抓一把水，它会从你的指尖溜走。所以，X 部分说服你生命力量并非无处不在，相反，它集中在特定的对象身上——一位令人惊艳的女演员、一辆豪车、一套看得见好风景的豪宅等。然后，它使你相信这些对象是美的（值得拥有），而其他对象（如塑料袋）则毫无价值。

X 部分并未止步于此。它为我们提供了一套判断事物美丑的标准，以此强化这种大众错觉：如果一个女人年轻，苗条，有一张毫无瑕疵的、对称的脸，她就是美的。如果买家愿意花高价购买一件艺术品，它就是美的。如果 X 部分能够让我们所有人都同意这些标准，那么我们就很难在不符合这些标准的事物中发现美。

更糟的是，我们认为这些标准是绝对的，永远成立。而实际上，它们在不断地变化。根据埃及艳后克利欧佩特拉的判断，大鼻子在古代风靡一时，但到她的时代已经不那么流行了。在有些社会中，肥胖被认为是有吸引力的（特别是在贫穷国家，这是一个代表富有的符号）。凡·高的画作在他生前只为他换来很少一点儿钱，现在它们的售价高达数亿美元。这些画并没有改变——我们关于美的标准变了。

如果我们用来衡量美的标准一直在变化，即使你今天得到了虚假版本的美，明天它也会从你身边溜走。把青春等同于美，只会让你徒劳地追求青春之泉。为了保持外表，我们把上百亿美元（仅 2012 年就有 110 亿美元）花费在不必要的医学整容手术上。数以百万计的人切开他们的肌肤，希望可以实现目标，最终却失败了。这是恶魔致命的一击：为了追求美，我们释放了自己最丑陋的部分——这种事已经有很多了。

是时候接受真相了。美不能被捕获、拥有或占有。恰恰相反：美的使命就是找到你，打开你的心扉，注入与 X 部分斗争的灵感。如果你允许，你将会发现自己将美的种子播撒至你周围的每件事物和每个人。

和真的情况一样，有 3 个原则可以帮助你区分真正的美和 X 部分的虚假版本。如果按照这些原则生活，你就不必去热带天堂旅行，不需要做整容手术，也不需要买昂贵的衣服来寻找美。你将在自己的内心和围绕着你的日常生活中看到它。

原则一：只有用心才能看到美

中国古代哲学家孔子说：“万物皆有其美，但非人人可见。”[①]我们该如何训练自己感知周围的美？我们必须停止看事物只停留在其表面。真正的美在可见世界的表面之下秘密地流动。要了解一些可见的东西，你可以使用智力工具。比如一张沙发，你可以测量它的长度，分析它的软装方式，计算它是否适合你的客厅，等等。所有这些，你都是用你的头脑完成的。

美是不同的。了解它的唯一方法是通过它在你心中激发的敬畏。心能做大脑做不到的事：穿透表面，感知世界之美在其下默默流动。意大利文艺复兴时期最伟大的雕塑家之一米开朗琪罗据说是这样描述他的创作过程的：“我看到了大理石中的天使，然后开始雕刻，直到我将它释放出来。”在他心里，他看到了大理石块内的美，然后不断雕刻，直到它摆脱了一切不属于它的东西。我们也必须这样做：用心窥探普通事物的表面之下，释放居住在其中的美的天使。

你可能不认为自己知道该如何用心去欣赏美，但其实你知道。童年时期——在X部分控制你的感知之前——你会用心去看每件事物。我从我的童年记忆中找出了这一点。我生长在一个中下阶层的社区，但几乎每天，世界之美都在冲击着我的感官，就像炎炎夏日里喷洒水雾的水龙头。我发现这些令人着迷：阳光温暖着露珠，微风在树间低语，一切都在完美和谐地摇曳。

① 这句话应是外国人假托孔子之口造的名言。——编者注

成年后，X 部分将感知的中心从心转移到大脑。结果，我现在生活在更好的环境中，却很难在任何地方看到美！我走出前门，满脑子想的都是我要去的地方以及当我到达那里时需要做什么。如果说我注意到了什么，我的关注点纯粹是出于实际考虑——需要耙落叶了，我的车被另一辆车挡住了，有人打翻了垃圾桶，等等。这些就是 X 部分想让我看到的。

因为孩子们用心看，所以他们获得了美的益处：与成年人相比，他们更有活力，肆意玩耍，经常能更快地适应变化（抱怨也更少）。不知不觉中，他们受到了周围的美的鼓舞。任何成年人都可以恢复童年时期的这些能力。试试这个练习：

> 闭上眼睛，回到童年。挑出你在那时觉得很漂亮的人或物。它可能是一个填充动物玩具，你的一位家庭成员，或者一些不那么私人的东西，比如雨声。无论你选择了什么，专注于它，直到它压过其他一切。
>
> 现在从一个成年人的角度想象同样的事物。两种视角有何不同？哪种视角会激励你与 X 部分做斗争？

成年人用头脑看东西。这个优势屏蔽了审美，只专注于实用性："填充物从泰迪熊里出来了。""每个家庭成员都超重了。""雨提醒我屋顶可能漏水了。"这就是 X 部分抵消美的力量的方式。

传统心理学非常重视用童年来解释你的问题的起源。但对我来说，童年最大的价值在于，它帮你回忆起一段时光，那时的你用一双不同的眼睛看世界，陶醉于你周围的美。

原则二：美会伤人

X 部分让我们对周围的美视而不见的能力得到了一位伟大盟友的支持，这位盟友就是痛苦。感知你周围世界的美确实会让人感到痛苦。尽管会带来痛苦，这痛苦也可以是甜蜜和自由的。在《美国丽人》中，叙述者这样结束他的独白："有时候世界上有如此多的美，让我觉得难以承受。我的心……它就要坍塌了。"我们大多数人都倾向于回避痛苦，我们牺牲了美鼓舞人心的力量，生活在一个纯功能性的世界里。

为什么接受像美这样有益的东西会感到痛苦呢?美就是生命——它进入你时，会迫使你的心扩展到超出以往的范围。就像身体肌肉的伸展超过了正常限度，它就会疼一样。然而，与身体肌肉不同的是，你的心可以无限制地扩张，容纳比你以往所知的更多的生命。作家安德鲁·哈维是这样说的："如果你真的在听，如果你意识到世界令人痛苦的美，你的心就常常会破碎。事实上，你的心注定是要破碎的；它的目的是一次又一次猛然打开，这样它就能永远容纳奇迹。"

这些令人心碎的奇迹使美不仅让人痛苦，也让人害怕。美不可避免地会激励你去冒你其他时候不会去冒的险。你可能会打破舒适区，尝试一些新事物——冒着被拒绝的风险更热情地示爱，或者冒着失败的风险，开始一个新的宠物项目。古希腊的英雄们冒着生命危险，去救他们被诱拐到特洛伊的公主海伦——为这位美人“出动了一千艘战船”。如果美能激励你去冒更多的险，X部分用恐惧来阻止你才有意义。

显然，美不仅关乎痛苦和恐惧，它也能让你充满强烈的喜悦。在某个时刻，你可能会被一颗划过夜空的流星、一首让你身体摇摆的歌曲或者夏日雷暴的壮观迷住。但美是一种力量，与它遭遇也会使你失控——失去镇静。这就是为什么当我们听到某些音乐或看到某些电影时会哭。意大利佛罗伦萨的圣玛利亚诺瓦医院经常为游客提供治疗。这些游客在凝视米开朗琪罗的大卫雕像和这座城市的其他艺术珍品后，感到头晕目眩。同样的事情也发生在人们对自然之美感到敬畏的时候。传统心理学将其归为“心身”失调（意味着事情全发生在你的脑子里），因为它不能承认这些人实际上是对超越的力量做出反应。但那是对美的力量以及人类对其扩张心灵的能力的渴望的不尊重。

如果它没有打动你，刺痛你，或至少吓到你一点儿，你面对的可能不是真正的美。要想体验这些感觉，试试这样做：

> 闭上眼睛，想想你觉得美的东西。它可能是一个人、一件充满灵感的艺术或音乐作品、一束穿过密林的光，或其他任何以其美丽打动你的东西。不管它是什么，把你全部的注意力集中在上面。
>
> 现在想象有一股强大的力量——纯粹的美的力量——从它那里发出。感受那股力量接近你，穿透你的

心，它用如此多的灵感来填充你的心，让你觉得你的心可能会爆裂。感受疼痛。放松，让这股力量流经你。

把你刚刚体验的痛苦看作你为接收到的灵感所付出的代价。如果愿意付出代价，你就会得到回报：你的心会扩张，你会更努力地与X部分抗争，同时过上有创造力的生活。

原则三：美即美之所为

这里有最后一种可以区分美和X部分创造的替代品的方法。真正的美必须反映在你的生活方式上。要理解这一点，你必须意识到，有一种美反映在我们通常不会以美学术语评估的事物上。当两个人一起经历了许多风雨，并对彼此表露出爱和尊重时，一段关系会是美好的。同样，有些人以一种美的姿态度过一生——审慎而优雅地处理困难的局面。当你用宽恕来回应他人的侮辱时，当你对不幸的陌生人表现出善意时，当你安慰悲伤的人时——你成了美的化身。事实上，人类的每一次努力都有可能给世界带来美。历史上有很多例子，也许最著名的是基督为那些把他钉在十字架上的人请求宽恕。

但也有现代的例子。年轻女性莉齐·维拉斯奎兹出生时患有一种极其罕见的先天性疾病，除了其他症状，这种病还会阻止她增重。她脸颊凹陷，四肢骨瘦如柴，双眼不对称，与我们现代观念中的美相去甚远。17 岁时，她偶然在优兔上发现了一段有关自己的视频，标题是“世界上最丑的女人”，下面有成千上万类似这样的评论：“莉齐，帮这个世界一个忙，用枪顶着头自杀吧。”莉齐没有报复，而是选择优雅而高贵地回应，主动与其他网络霸凌的受害者取得联系，最终她成了一名励志演说家。她的行为本质上是在说：“我会接受你投向我的丑陋，然后用它来更优雅地行事。”

让我们来看看你可能会选择如何优雅地行事。想象一个很难相处的人，他让你忍不住想以丑陋的方式回应他。试试这个练习：

> 回到上一个练习，重新体验美的力量穿透你的心，让你充满灵感。
>
> 把自己置于那个难以相处的人面前，想象他做出一些挑衅的事，这些事通常会激发你最坏的一面。
>
> 在回应前，重新与你内心涌动的美之流建立联系，利用他人的丑陋来加强而不是削弱这种联系。如果能在现实生活中做到这一点，你会对他人有怎样不同的回应？

当别人的丑陋强化了你内心对美的承诺时，你就完成了一些意义深远的事情。你把自己从另一个人的有害影响中解放了出来。更重要的是，你巩固了自己与作为一种力量的美的联系。当你能与比自己更伟大的东西结盟时——不管受到什么挑衅都忠于它——生活就会变得有意义。你把自己奉献给了某种超越日常生活的琐碎的东西。

这表明美可以激励我们成为更好的人。反之亦然。当你做了正确的事情，会给世界带来更多的美。事实上，美与善之间有着密切的联系。而善是生命力量的第三个方面。古希腊语单词kalos反映了这种联系。这个词的意思可以是“美丽的”，也可以是“值得称赞的”。

在生命力量的3个方面之间存在着动态的相互作用。正如你看到的，真向你揭示了X部分。美激励你与之抗争。当你与内在的敌人战斗时，善会进入你，鼓舞你周围的每一个人。

善的化身

想象一下：现在是1960年，你是民权运动的一位领导者。你在田纳西州的纳什维尔和一群黑人学生活动分子在一家“只许白人进入”的电影院举行抗议活动。你花了几小时训练这些年轻男女，在面对来自警察及愤怒的白人反示威者的仇恨和暴力时保持平和。你觉得自己要对这些学生负责——他们中有许多人是第一次面对失控的暴徒。事情正在升温——人们在大喊大叫，威胁、推搡学生。你挺身站在学生与袭击者之间。

突然，一个魁梧的白人男子走近你，骂着与种族有关的脏话；他毫无预兆地后退，朝你脸上吐口水。他的脸像戴了一张仇恨面具——激你出手反击。你想这么做。你的愤怒——以及几个世纪以来压抑着的集体愤怒——从内心升起，威胁着要爆发出来。

但你已经为这一刻接受过训练。你看着此人的眼睛，寻找一些你可以连接的东西。他看起来像个骑摩托车的人。循着他的目光，你问他是否有辆摩托车或改装车[①]。这不是他期望的答复。他吃了一惊，咕哝着说他有一辆摩托车。你说："是的，我也有。我爱我的摩托车。顺便问一下，你有手帕吗？"在意识到自己做了什么之前，他拿出一条，递了过来。你擦掉口水，开始询问技术细节——交流你们各自的摩托车是怎样定制的，它们的马力、发动机容量等。渐渐地，他脸上的仇恨消失了，取而代之的是发现你们同样热爱开阔道路的喜悦。因为你已经承认了他的人性，他也开始看到你的那一面。过了一会儿，这个原本看起来要摧毁你的男人问，关于你正在做的工作，他是否能帮上忙。

这是一个真实的事件。它发生在民权领袖詹姆斯·劳森牧师身上。我的叙述有些随意，但有一件事是肯定的：我们大多数人如果处在他的位置，都会痛斥对方；我们不可能将仇恨转化为和谐。这个故事表明，这是有可能的：你的内心有一种力量，可以把你最坏的部分转化成最好的。不仅如此，它还能够激励你周围的人获取同样的魔力。这就是善的惊人力量。

为什么做好人如此之难？

大多数人真诚地渴望做个好人，做"正确"的事。如果你

① 原文为 Hot Rod，指的是一种经过特殊定制或改造后用于竞速的汽车。——译者注

花费精力读了本书并使用这些工具，很明显你想成为更好的自己。那么，为什么你总觉得自己失败了呢？

这是因为X部分以一种保证会失败的方式定义了善。它让我们在内心深处相信，要想成为“好的”，就必须消除内心所有“坏的”痕迹。那是不可能的。但我们接受了，因为我们迫切地想把自己视为“好的”——为了保持那样的形象，我们甚至会否认自己做过的坏事。

在每个人的表面之下都潜伏着一股黑暗的力量，它摧毁了我们完全“好”的可能性。那种力量总被描述为恶的。它存在于我们每个人内心且不会离开。如果你认为一个人有可能消除内心所有恶的痕迹，那就看看你周围：你知道有谁达到了纯粹的善的状态吗——不是大多数时候，也不是某些时候，而是任何时候？没有放纵，没有爆发，没有隐藏的优越感或自卑感？对别人不做批判性评价？我从来没有遇到过任何一个人能一直保持这种高尚的状态。如果一个人能那样纯粹，他就不是人了。事实上，做完整的人类就是去感受这两种对立——善与恶，光明与黑暗——在你内心共存。

否认恶会招致恶

为什么X部分想要说服你，你可以消除内心所有恶的痕迹？因为如果你屡试屡败，最终你就会告诉自己，你成功了，尽管你并没有：“我已经摆脱了内在的恶。我是完全干净的。”

这样的例子俯拾皆是。每一周，我们都会看到公众人物把自己塑造得无可指摘，却在做坏事时被逮了个正着。记者在编造假新闻的同时宣扬自己的客观性；宣讲《圣经》的传教士一边搞婚外恋一边颂扬婚姻的神圣；金融顾问坚称会把客户的利益排在第一位，却引导他们投资那些能给他带来最高佣金的项目。谴责这些人是骗子很容易，但他们的自我膨胀不仅仅是为了欺骗观众——那也是在欺骗自己！这是一种说服自己的方式。“我做到了……我已经摆脱了恶。”他们不承认自己内心有恶，且余生都将不得不与之斗争，而是允许X部分说服自己，他们的工作已经完成了。

要宣称自己摆脱了恶，你不必出现在公众的视野中，也不必做出犯罪或极端的行为。我们都会在某些时刻认为自己无可指摘。但当你把自己定位为完全的好人时，你就会变得比任何与你意见不同的人都优越；突然间，他们成了唯一需要努力提升自己的人。每个人都经历过这种情形：你和家人围坐在餐桌旁，一场政治争论开始了。你坚信任何一个好人都会以你的方式看待事情。令你惊讶的是，有些家庭成员并不认同。随着情绪的攀升，一种自以为是的心态占了上风。你想知道这些无知的人怎么会和你是一家人。不管你是否意识到了，你已经开始讨厌他们了，他们成了你的敌人。在内心深处，你把自己定位为完全的好人。凡是与你意见相左的人，你都视为恶人，这使他们成为你无节制的愤怒的目标。第二天，你醒来时感到不好意思，就好像前一天晚上你暂时疯了——被一种消耗了你所有平和和克制的盲目的激情控制了。如果你对自己诚实，就会意识到你诋毁和伤害了你爱的人，你用了一种你自己永远都不想遇到的方式和他们说话。你通过否认自己有作恶的能力变成了恶的载体。

你希望视自己为好人，这是可以理解的；善是你能拥有的最深沉、最深刻的精神体验。当 X 部分确信你是完全的好人，内心没有任何恶时，问题就出现了。一旦它成功了，你就成了最糟糕的那种恶的载体。如果劳森牧师成为 X 部分的猎物，他将不会克制自己。他和他的白人对手会成为镜像——彼此都激发出了对方最坏的一面。如果你审视任何不可调和的冲突——种族、宗教或人际关系——你将看到这种相互非人化的循环。每一方都认为自己是纯粹的善，另一方是纯粹的恶。

如果善不是恶的消除，那它是什么呢?

好与善

注意，我使用了“善”这个词，而不是“好”。从现在开始，区分这两者很重要。这并不是吹毛求疵的矫揉造作，而是应对恶的关键一步，因为“好”与“善”实际上是对立的。没错，它们是对立的。

“好”是一种虚幻的状态，它让你相信你心灵中所有的恶已经被清除了。如果你坚持这种妄想，就没有必要监控你如何对待别人。你既已摆脱了恶，就不可能做错事了。关于这种妄想的优越感的一个荒诞的例子是阿道夫·希特勒在 20 世纪前期鼓吹的种族纯洁论。在希特勒疯狂的心灵中，如果你不是纯正的雅利安人，你就是恶的，是被灭绝的对象。当他囚禁并杀害犹太人、斯拉夫人、吉卜赛人以及其他“不纯洁”的群体时，他相信自己是为了“好”而行动——保持日耳曼人的血统不受劣等基因和种族世系的玷污。

如果你告诉自己“我不是希特勒”，你说得对，但弄错了重点。我们都想把自己看作好的，想办法成为优等群体的一员，摆脱我们在他人身上看到的缺陷。每个群体——社会上的金融精英、街头帮派、高中的“贱女孩”等——都受到这个谎言的影响；甚至连宗教都可以宣称自己“更优越”。“一个群体的本质是宣称自己是纯洁的，好的，而世界上的其他人都是恶的。”

你甚至不需要成为一个真实的群体中的一员，就能披上优越感的外衣。每个人，在某一时刻，在自己内心深处都会成为“一个人的群体”。这通常表现为你从未觉得不好的习惯。别在你如何对待你周围的人这一点上自欺欺人。你是否曾因为匆忙或有“更重要的事情”要做而忽略了需要帮助的人？你是否曾把烂摊子留给别人去收拾？你是否曾因为别人对你做了什么而去报复他们？

你几乎意识不到这些习惯；你不会想到它们是日常生活中的小恶行——但它们确实是。你无法把这些行为合理化，除非你在内心深处确信你比你周围的人更优秀，更有价值。在某种意义上，这种日常的恶所造成的危害甚至超过了我们提到过的引人注目的、公开展示的恶。关于这些常见行为，有很多例子，我们对此习以为常，因而它们能不被察觉地躲过我们的防御。它们像看不见的病毒一样感染我们，控制我们的习惯，削弱我们的道德本能。这发生在每个人的每一天里。

事实是，人类被X部分欺骗了。它把“好”描绘成终极进步的状态，而实际上它是一步巨大的倒退。无论你遵循什么样的规则，读什么样的书，举行什么样的仪式，那块恶的“该死的血迹”[①]是无法去除的。所以，我们想要自我感觉良好，却也知道我们内在储存了无法清除的恶。我们该如何解决这个难题？

答案涉及术语上的小变化和方向上的大变化。先说术语：你的目标需要从“好”转变为保持“善”的状态。现在应该清楚了，“好”是虚构的，是一种无人能达到的永久的纯洁状态。“好”是你宣称的。“善”就是你现在、当下在做的。它不是道德上的黑带[②]，而是一个需要你持续参与的过程。

你如何参与？首先，放弃消除一切恶这个目标。那是X部分贩卖给你的谎言。你的新方向不是以战胜恶为中心——它关注的是将恶转化为积极事物的无止境的过程。我们愿意想象我们能在一场决定性的胜利中让恶消失。但恶不愿合作，它会无休止地重新出现。每次它回来，你可以通过转化它来获得善。这就是善：不断承诺去转化恶。

转化恶

对大多数人来说，“转化”[③]一词会让人联想到毛毛虫变成蝴

① 语出莎士比亚戏剧《麦克白》中麦克白夫人的台词。——译者注

② 指柔道中的最高级别。——译者注

③ 原文为transformation，也用来表述生物个体发育过程中的“变态”现象。——编者注

蝶的画面。这种画面适用于缺乏自由意志的生命形式（毛毛虫没有选择变成蝴蝶，这是自然而然发生的）。但人类可以选择是否要进化。恶迫使我们做出选择：要么屈服于它，要么利用它成为更好的自己。

真、美、善都对这一转变过程有独特的贡献。真揭示了 X 部分，使我们看到它如何说服我们相信自身的纯洁。美激励我们与 X 部分做斗争，去争取更大的诚实。善转化我们，允许我们化邪恶为美德。在前几章中，你已经看到了这种转化过程的例子。马蒂每次想发脾气时就会使用“黑色太阳”——他成了家里的领袖。贝丝每次想从女儿和顾客身边撤离时就会使用“旋涡”——她学会了在他人身上投入更多精力。在每种情况下，通过识别自己内心的恶，并一次又一次地使用工具，他们成了更好的人——对周围的人产生了更积极的影响。这就是我们所说的转化恶。

传统的模式要求你永久消灭恶。在新的模式中，你每天都要面对它，并使用工具将它转化为善。这听起来很奇怪，好与恶成了伙伴，携手创造一个新的你——比你想象中的自己还要道德高尚。恶不再是进化的障碍，而成为推进进化的力量。

跟真和美的情况一样，有 3 个原则可以让你知道你是在化恶为善，还是沦为 X 部分的虚假版本——纯洁——的牺牲品。

原则一：善需要本能，而非命令

你已经知道你内心有恶，你要做的就是每次在它出现时去转化它。但要转化恶，你需要一些比恶更强大的东西。既然恶是一种力量，你就需要一种反作用力。传统上，那不是我们与恶战斗的方式。我们认为，只要遵守一套支配行为的规则，就能确保我们阻挡住恶。这些规则可以被编入法律或伦理原则；它们可能有古代或现代的根源，也可能是宗教、父母或文化赋予我们的。但它们都有一个共同点：只是词句。它们禁止恶，却没有给予我们转化恶的力量。

词句无效，原因有很多。首先，恶是活的——它是一种从内部一直攻击你的力量。在第 3 章中，每当儿子想要玩电子游戏时，马蒂都暴跳如雷，一个“永远不要发脾气”的命令能阻止他吗？不能。词句可以引导你，但当 X 部分淹没你的时候，词句没有力量与之抗争。

此外，词句受制于解释。只要看看历史上以《圣经》的名义实施的不可言说的暴行，你就会意识到，词句不仅缺乏阻止恶的力量，而且很容易被扭曲至为其辩护。事实是，只有工具及其释放的生命能量，才有力量转化我们内心深处的恶。

生活快速向前，我们必须在不断变化的环境中做出道德抉择。没有一套固定的法律或伦理禁令能够涵盖强大的、流动的现实所产生的全部可能性。“不可杀人”是我们的共识，但如果你有机会杀死一名疯狂的持枪杀手，拯救一教室被他劫为人质的孩子呢？你没时间思考，更别说咨询律师或宗教学者了——你必须采取行动。为了让自己的行事符合道义，你需要某种东西，其运行速度赶得上你所处的无限变化的环境：你需要一种力量。

幸运的是，我们内心有善的力量。它由我们的道德本能组成。这些本能可以在与你自身的恶的战斗中得到磨炼和发展。但你如何确定你对内心的恶的判断是正确的呢？你应该研究伟大的哲学家的思想吗？秘诀是注意什么东西让你感觉内疚吗？你身上恶的部分是你父母批评最多的那些吗？

以上问题的答案都是否定的。恶不会暴露在你的智力面前。你不需要一个合乎逻辑的解释来说明为什么有些东西是恶的。就像我们说过的，在任何既定的情境中，你的直觉能感觉到什么是恶。最高法院大法官波特·斯图尔特说过一个绝佳的例子。法庭在裁决一个案件，结果取决于一部电影是否淫秽。斯图尔特无法用语言定义什么是淫秽，但他说："当我看到它时就知道了。"他的话是最高法院所有判决中引用频率最高的。他的观点很有道理。有些东西是无法用语言来定义的，必须靠直觉来识别。

要找到内心的恶，不妨从你自本书开头就读到的 X 部分开始。现在你应该清楚它是怎么蓄意阻碍你的——让你屈服于破坏性的冲动，使你被忧虑淹没，说服你拖延，等等。通常，你不会认为这些自我打击的行为是恶的。但想想它们对你周围的人的影响。如果你超重了，X 部分一直引诱你放纵饮食，你可能会让家人感到焦虑，并让他们在未来承担更多医疗开支。如果你长期忧虑，你可能会令周围的人感到压抑。如果你做事拖延，你可能会让别人失望，或者强迫他们做你逃避的事情。当你考虑到你的 X 部分对你周围的人产生的影响时，就很容易识别出它的恶。

除了 X 部分，检查你在家、在工作中以及在社交场合的日常习惯，特别是那些破坏你与你周围的人的关系的习惯。寻找那些涉及粗鲁、冷漠、自私、欺骗等的琐碎行为。每一个活着的人，不管他有多圣洁，都有这些过失。不管你是否把这些习惯归因于X部分，训练自己在当下识别它们，并给它们贴上恶的标签。

最后，试着改正这些习惯，至少承认它们，并为其对他人造成的影响道歉。当你这么做时，如果你仔细注意，你会感到善的力量开始在你身上流动。这是一种给予的力量。为你周围的人着想，善想每时每刻都做正确的事情，它不在乎这些无私的行为是否会得到回报。这种从容、静默的力量将它的治愈力投向哪怕是恶最微小的表达。它是整个宇宙中爱的承载者。

原则二：善会伤人

善要求你监控自己的坏习惯，识别你对你周围的人造成的伤害，公开承认，然后改变这些习惯……并在你的余生中继续这么做。善是艰苦、持续的工作，这使它令人痛苦。

因为善会令人羞愧，所以它也会带来伤害。在心底，我们都想否认自己内心的恶。在别人身上看到恶没问题，但我们喜欢认为自己什么都好。承认自己有恶的一面令人羞愧，但如果不拥抱那种痛苦，你就无法充满善。一部名为《来自天上的声音》的电影很好地描述了这种痛苦。罗伯特·杜瓦尔在电影中饰演一位魅力超凡、努力面对自身之恶（他在愤怒中杀死了妻子的情人）的传教士。他还必须战胜一个种族主义者的恶，那是位建筑工人，威胁要铲平杜瓦尔的多种族教堂。在一个情绪化的场景中，杜瓦尔看到了这个男人的善良，带着爱意和理解走近他，男人承认他并不是真的想拆除教堂。杜瓦尔说：“我知道。这就是为什么我会和你一起跪下，一起祈祷，一起哭泣，一起做任何事……因为我知道你是个好人。”男人开始哭泣。他承认：“我很不好意思。”杜瓦尔告诉他自己明白：“我年轻时是个比你更糟糕的罪人。走吧，兄弟，哭吧……我将和你一起哭。”

祖露你灵魂中最糟糕的部分是痛苦的。但如果你真的想输送善，这种痛苦就不能一直是抽象的。你必须亲自体验它。你可以通过下面这个练习尝试看看：

> 想一个你的坏习惯，它会破坏你和这个世界的关系或者伤害你周围的人。也许你会发脾气，变得无礼。也许你在人们最需要你的时候退缩了，让他们觉得自己被抛弃了。也许你心不在焉、计划不周，别人不得不跟在你后面收拾。
>
> 无论你选择什么习惯，闭上眼睛承认：“这个习惯是恶的。它伤害了别人，破坏了我的人际关系，贬低了我作为一个人的价值。对此没有借口。”注意一下承认的感觉。
>
> 现在想象一下，每次陷入坏习惯，你就承认事实。那样感觉如何？

我们很少让自己像这样感到自卑，因为我们喜欢回避痛苦。这就是虚假版本的善如此诱人的原因。你开始认为自己什么都好，否认存在于你内心的恶。

原则三：善要求持续的行动

一旦你能甩掉包袱，承认自己内心有恶，就必须采取相反的行动——恶告诉你要做什么，你就去做完全相反的事情。如果你习惯性地发脾气，你就得控制自己；如果你脱离人群，你就得在他人身上付出更多精力；如果你过分依赖别人，你就得为自己做更多的事。

但是，采取行动不仅仅意味着在外在世界改正你的坏习惯，还有内在的行动。使用工具标记出 X 部分，甚至抑制你的冲动，都是内在的行动。它们是“行动”，因为它们需要你付出努力，其目标是改变你的内在世界。这些内在和外在的行动的结合使善不仅仅是一个抽象的概念，它成了一种生活方式。以下讲的是如何将其付诸实践：

回到上次练习中你识别出的坏习惯。想想你可以采取的改正措施。一种可能是向某人承认你意识到了这种习惯及其危害，另一种可能是在它下次冒头时使用工具来帮助你克制自己，还有一种可能是补偿那些受到伤害的人。无论你选择哪种行动，无论它是内在的还是外在的，下定决心去做。

现在想象一下，在未来几周、几个月、几年，甚至更长的时间，每当你觉得自己成了坏习惯的牺牲品时，就采取这些行动（以及你想到的其他行动）。每次你这么做，你都是在转化恶，在很长一段时间内创造善。当你坚持这项实践时，看看你是否对自己会成为什么样的人产生了直觉。成为新的“你”是什么样的感觉？

X部分将试图说服你，成为这样的人是不可能的。那是谎言。成为这样的人要求持续的努力，而回报表明你的努力是值得的。每次你跟随自己的直觉去做正确的事情，就会感到又一滴善流进了你的生命。当你把生命奉献给比自己更高的东西时，你会惊讶地发现生命变得多么有意义。你也会对周围的人的反应感到惊讶。当你把内心的恶转化为善，你会激励周围的人也这样做。他们可能不知道你在努力提升自己，但他们会被你的善吸引。当你明亮地闪耀时，其他人也渴望这样。劳森牧师就是一个很好的例子：通过做困难却正确的事情，他给了攻击者一个成为更好的人的机会。他的生命变成了善改变世界的一条通道。

升至“更高的世界”

X部分从未放弃，尽管听起来很奇怪，但这是个好消息。这意味着每一天都充满了战斗的机会。无论你在任何一次战斗中是赢是输，你的生命力量都会增加。你会立刻看到结果：更多的能量和热情，增长的生产力，减少的压力，以及最重要的，对可能性的信心。如果你有梦想并将其付诸行动，任何事情都可能发生。

但那仅仅是个开始。随着时间的推移，生命力量将会派出使者——真、美、善——来帮助你继续上升。就像你从未知晓其存在的隐藏盟友一样，这些生命力量的代表想要帮你攀升至能发挥你最高潜力的道路。

真会让你保持诚实——它会揭示X部分对你说谎的方式。美会激励你与谎言做斗争，并以正直的态度生活。善会转化你——赋予你将邪恶转化为美德的力量。在你前进的道路上，有了这几位向导，你一定可以升至一个全新的世界。

08

新世界

菲尔描述了“更高和更低的世界”，并阐述了我们人类处于怎样一种独特的位置，通过内在的工作治愈自我，借此将这些世界重新连接起来。

巴里刚刚描述了随着生命力量的发展，“更高的世界”开始显现在某人面前的 3 种方式。真、美、善是那个“更高的世界”的使者，那个世界的一些碎片降落在我们居住的这个世界。就像夏天最早落在你头上的几颗圆滚滚的雨滴，让你意识到雷雨云的巨大力量，真、美、善从我们上方“更高的世界”降下来，使我们可以在自己的世界里体验它们。

在“更高的世界”里，除了真、美、善，还有更多东西，但其中绝大多数都无法降下来与我们建立联系，我们必须伸手去够。当你这么做时，你不仅会发现新的体验，还会发现一整个世界在等着你。

大多数人不知道该如何向上够并与这个新世界建立联系。他们从出生到死亡都没有体验过超出我们的五感世界的事情。如果不能体验这个“更高的世界”，你将度过缺乏平静、信仰或真正的意义感的一生。工具可以弥补这一点，但你需要从新的角度来看待它们的力量，最重要的是，为不同的目的使用它们。大多数人使用工具来解决一个特定的问题，问题得到解决后，他们就把工具忘了。他们使用工具爬出了自己所处的陷阱，摆脱了一直困扰他们的事情，获得了解脱，然后继续生活。

他们错失了一些东西。一旦解决了问题就放弃使用工具，就像在最后一幕之前就离开了剧院一样。这些工具不仅能帮助你爬出某个特定的陷阱，它们还能使你远离疲劳、抑郁、渴望等特定症状。如果持续使用它们，你会升至另一种状态——另一个世界，那里充满了无限的可能性。

但大多数人只想凑合着过。他们缺乏想象力和意志力，满足于仅仅解决眼前的问题。要用言语说服一个人相信“更高的世界”——具有无限的可能性——真实存在，是不可能的。他们需要亲自体验它。但那并不容易。

当你环顾四周，你是否被眼前所见的东西鼓舞？对大多数人来说，答案是否定的。工作让你厌烦，孩子不守规矩，持续的交通堵塞让你迟到。机械的任务、琐碎的争论和无尽的责任耗尽了你的精力。如果你跳出个人生活层面看向远方，画面甚至更灰暗：政治混乱、地震、大风暴、贫困、饥饿、街头以及国界之外的暴力——这些问题无休止地展开。

在这种描述中，没有什么东西让人感觉“更高”。事实上，它是对“更低的世界”的恰当描述，一种“地狱”。不是那种有组织的宗教想象出来的你在肉体死亡后会去的地方；相反，它就在此时此地，是一个“人间地狱”。这引发了一个问题：为什么我们如此容易就看到了周围“更低的世界”，却难以看到“更高的世界”，甚至很难相信它是真实的？

答案很简单：X 部分让你对“更高的世界”视而不见。每次它创造出一个你不知道如何解决的问题，你就会掉进一个洞里。你能看到的只有你所在的洞，你看不到它之外。我们相信真实的世界局限于我们通过感官所认知的东西。我们的祖先只能“看到”一个平的世界，不敢相信自己能一直向西航行而不从地球边缘掉下去。那是真正的限制。

现代人类面临着一种不同的限制。在哥伦布时代，人们看不到他们所属的世界的绝大部分，而我们现在无法感知的是另一个世界。但这两种情况都假设，如果某些东西无法被感知，它就不存在。这就是我们对“更高的世界”视而不见的原因。

这导致了X部分的一个陷阱。如果你无法感知X部分将你丢进去的那个洞之外的任何东西，你就没有动力去寻找“更高的世界”。如果有一线希望或关于可能性的感知出现，X部分将攻击它们是没有根据的主观想法。它告诉你：“如果‘更高的世界’真的存在，它应该显而易见。你看到的周围的混乱就是一切。停止寻找不存在的东西吧。”

X部分在哄你入眠。这是一种危险的睡眠，相当于你在汽车里打盹儿，发动机开着，车窗紧闭。当你打盹儿时，你可能闻不到一氧化碳的气味，但那并不意味着它不会杀死你。这是一种不易察觉的死亡。如果没有“更高的世界”，那将是灾难性的：生命没有意义，死亡是不可接受的。但那不是问题所在。

“更高的世界”是真实的，但它不像我们每天都能看到的这个世界，它不能被我们的感官体验到。X部分说那意味着它不存在——另一个谎言。你绝对可以体验一个“更高的世界”，并从其无限的能量中获益。但我们的感觉官能——看、听、尝、闻和感觉——无法感知那个世界。你需要“第六感”，它不像我们与生俱来的那 5 种，你必须有意识地培养你的第六感。

第六感是生命力量本身。当我们使用这些工具来处理生活中的问题时，我们就在积累自己的生命力量。但是，一旦我们解决了某个问题几次，它不再像是威胁了，我们就会倾向于停止使用工具。这是一种精神上的傲慢。虽然听起来很奇怪，但我们告诉自己，我们已经知道如何击退某个症状了（比方说，使用“母亲”来抵抗自暴自弃），所以我们实际上不必再使用工具了。听起来很疯狂，但从 X 部分的视角来看，这是合理的。

X 部分是你的生命力量的死对头。它希望你尽可能少地使用工具，因为这样会让你的生命力量更强大。它在你耳边低语，你只要了解了工具的工作原理就不必再使用它们了。但是，如果你想锻炼出更强壮的肌肉，你不能只是想着举重——你必须真的做运动。

同样，如果你想增加生命力量，你就必须实际使用工具。这将问题的意义颠倒了过来。你别把它们看作障碍，而应意识到它们是在激励和提醒你使用工具。在这种背景下，很明显，工具不仅能缓解症状，还能给予你看到“更高的世界”的能力。

我们称之为“工具的高阶使用”。以这种方式使用工具，乍一看似乎违反直觉。这个程序是这样运作的：

> 持续涌现的问题要求你不断地使用工具。
> 你使用工具的次数越多，你的生命力量就越强大。

> 生命力量是你的第六感的来源。
>
> 随着你的第六感的发展，你可以感知“更高的世界”。

记住上面的顺序，每个问题都会变成一份礼物。就像优秀的武术家会借力打力一样，你也在处理X部分造成的问题时利用它们来激发自己的生命力量。这就扭转了X部分的优势。它造成的问题越严重，让你坠入的陷阱越深，你就会获得越多生命力量。这些工具就像精神性的弹弓，利用X部分用以把你困在“更低的世界”的东西，把你推入“更高的世界”。

但X部分永远不会放弃。它会不断地给你发送问题，有新的，也有旧的。你可以选择将这些问题看作坏运气或不合理的惩罚，任由它们麻痹你——这正是X部分希望你做出的反应——你也可以选择将每个问题视为使用某一工具的信号。

本书中的4个工具并不是随机选择的。你可能已经注意到，它们每个都提升了你的能量。在“旋涡”和“塔”中，你的整个身体向上运动；在“黑色太阳”和“母亲”中，一部分的你向上运动。这种向上的运动的意义是什么？

每个工具以它自己的方式涉及向“更高的世界”的“上升”。但是，这种向上的旅程并不是随意挑选的象征精神成长的隐喻。它是包含了真正力量的真实的旅程。旅程的第一部分不是向上，而是向下。你掉进一个陷阱，然后使用工具从中“升”了上来。

为了从工具的高阶使用中获得好处，你必须积极地接受这些循环。这意味着，当 X 部分把你扔进剥夺、消耗、自暴自弃、受害者的陷阱里时，你需要更深地进入痛苦，而不是仅仅忍受不适。你越感到痛苦，就越能转化它。

古希腊人（以及其他许多文化）在死亡和重生的循环中，尤其是在自然界，看到了这一点。冬天不可避免地降临，但我们可以相信，春天总会跟在后面。同样，你也可以相信，新增的生命力量会让你重新“站起来”。细节因人而异，但潜在的含义是，当面对死亡时，你的勇气中蕴藏着对“更高的世界”的憧憬。

这种新的意识与视力的清晰度完全不同。用眼睛看预设了你和事物之间有一定的距离。能看到“更高的世界”才更具备进入事物“内部”并与之融为一体的素质。只有你的第六感能做到这一点。

能感知到“更高的世界”，这给了我们一种感觉：某种与我们在日常生活中习惯的东西完全不同的东西真实存在。无论这种无法定义的东西是什么，它都散发着和平、和谐以及对众生的爱。不是因为某个神的命令使然，而是因为这些能量在它寻求自己所需要的东西——宇宙中所有生命的相互连接——时从“更高的世界”中自然地流出。

“更高的世界”战胜了 X 部分强加给你的不可能感，因为“更高的世界”是由可能性组成的。没有比目睹“更高的世界”做到了看似不可能的事更鼓舞人心的了——无论是在个人的生命中，在全社会，还是在整个大地恢复生机的过程中。可能战胜不可能、生战胜死、是战胜非的胜利，创造出一种你永远不会忘记的快乐。

攻击惊奇

在你去往“更高的世界”的旅程中，还有一个终极障碍需要克服，那就是你的怀疑。这不应该是个惊喜——在过去 2000 年里，西方文化使我们越来越难以相信“更高的世界”的存在。事情并非总是如此。2000 多年前，“西方哲学之父”柏拉图将精神世界视为唯一的实在。我们现在所认为的“真实”和唯一的世界，在他看来是一种假象。

他在著名的洞穴寓言中阐述了这一点。想象某个终生都在山洞里度过的人，因为被锁在墙上，连头都转不过来，被迫盯着一堵空白的墙。在他身后（以及他的视野之外）有一堆火。真实的人与物从火前经过，影子被投射在墙上。真正的现实在他身后，他看到的一切只是投射在他面前的影子。他被迫相信这些影子就是现实。

柏拉图认为，哲学的作用是解开人类的束缚，让他们去感知真正的现实。但当你甚至不知道这种现实存在时，你如何看到现实的光呢？柏拉图的回答是，有一种特定的心理状态可以赋予你洞察未知所需的视力。这种心理状态被称为“惊奇”。

想象你遇到了一个无形的世界，这个世界的广大和智慧超出了你的理解能力：一个神秘的、无法形容的、充满了意义和希望的世界，透过“现实世界”的表面向内窥探。你会被敬畏和惊奇压倒。如果你并不感到惊讶，那可能意味着你已经与这个“更高的世界”及其不可思议的活力失去了联系。这就是柏拉图为何提出了那句著名的格言：“哲学始于惊奇。”

柏拉图的学生亚里士多德重新诠释了老师的思想，并以一种更有限的方式定义了惊奇，将其简化为当你不理解某事时感受到的不舒服的困惑。亚里士多德想让我们用思维去消除无知。柏拉图希望我们生活在敬畏之中。“更高的世界”的美逐渐消失了，因为我们开始把它的神秘看作需要解决的简单问题。

失去惊奇对人类产生了巨大的负面影响。它关闭了通往“更高的世界”的大门，迫使我们从地球上得到我们所需的东西。这也有好的一面：它要求我们变得更独立，攀登科学发展的顶峰，对我们周围的物质世界有更深刻的理解。

但我们生活在一个科学坚信没有“更高的世界”的时代。如果那是真的，就没什么可敬畏的了。我们需要敬畏来提醒自己，还有比我们更伟大、更智慧的东西。没有它，我们的自我——确信自己无所不知——就会自由地制订自己的规则。贪婪、自私，对除我们自己以外的任何人都缺乏责任，这些品质已经接管了我们的文化，使其变得扭曲，脆弱。最危险的是，科学和工业联合的力量远远超过了我们牵制这些较低层次的力量的能力。就像《圣经》中的惩罚降临大地一样，恐怖主义、种族战争和环境破坏蔓延开来。

如果没有X部分在幕后操纵，我们的惊奇不会消失。随着它对每个个体的影响越来越大，它也在推动它对社会的集体目标——这些目标只能用邪恶来形容。攻击惊奇是其战略的一个关键部分，由于它摧毁了我们与“更高的世界”连接的能力，我们失去了反击能力，甚至失去了理解我们在对抗的东西的能力。

历史上，我们在这场宇宙战争中的对手被称为恶魔，它指挥的、我们必须战胜的力量被称为邪恶。我们生活在一个个体化的时代。那意味着我们每个人都是独立的，可以说，很容易受到邪恶的攻击。邪恶的战士以及它在这场内在的战争中的代表是 X 部分。

即使 X 部分以心理问题为媒介进行攻击，即使这些问题因人而异，它的首要目标在任何情况下都是一样的：阻止整个人类的进化。因为 X 部分是在集体层面起作用的，把我们所有人都置于其邪恶的设计之下，它恶魔的称号名副其实。

数千年来，每种宗教都有自己的恶魔——一种致力于不断“收集”人类灵魂的存在。但这意味着什么？收集灵魂不像提着篮子收苹果那样是一种身体动作。它是一个内在的过程，旨在摧毁我们的惊奇，用对自我的崇拜取而代之。“我很惊讶”被“我知道”所取代。

但它是怎么收集灵魂的呢？这不像你在书和电影中看到的那样，恶魔公开提出用某个闪闪发光的奖品来交换一个人不朽的部分。21 世纪的恶魔有一套更复杂的收集灵魂的方法。他不会一次只收集一个，他会成批地收集。他不会用网或桶去捕捉它们，他用的是一整个世界。

在所有文化中，“更低的世界”都是由恶魔统治的。每一个被困在这个世界里的人都被恶魔“捕获”了，他们的惊奇被一种怀疑的文化夺走了。恶魔不需要用墙或笼子来保证你屈服于他的力量。如果他能让你不相信有一个“更高的世界”，你就会寻求在“更低的世界”里满足你所有的需要。他要做的就是袖手旁观，看你在这个世界里陷得越来越深。

一个世界的堕落

在基督教世界，如果问“人类的堕落”是什么意思，你可能会想到《旧约》中亚当和夏娃的故事。这基本上是一个关于人类陷入罪恶的故事。但亚当和夏娃的行为不仅影响了人类，还影响了整个世界。罪被他们的行为带到世上，污染了神创造的世界。这一行为摧毁了“更高的世界”的一部分，亚当和夏娃“堕入”这个充满了死亡、疾病、不公和邪恶的“更低的世界”。

当死亡成为人类要面对的问题，生存也一样。“更低的世界”不能以和“更高的世界”相同的方式创造新的生命——这是个匮乏的地方。在这个有限的世界里，我们彼此敌对，因为感知到周围没有足够的东西来满足我们的需要。我们能做的最好的事情就是尽可能久地避开自身的死亡。生活变成了一场残酷的抢椅子游戏——每次音乐停止，就有某个人必须死去。

“更高的世界”并非对困在宇宙贫民窟中的人类的遭遇漠不关心。它有足够多的生命可以给予这个世界，但无法获得进入这个世界所需的能量。这就像搬家的货车载着你布置新家所需的所有东西来到新家，却没有钥匙。需要某种东西来充当两个世界的连接者——一把精神钥匙。

宇宙中只有一种东西适合担任这个角色。它必须有能力进入这两个世界。只有人类才能做到这一点。这是作为人类的伟大悖论的一部分：我们可以同时成为最低者和最高者的一部分。

但人类有一个动机问题。我们在努力发挥自己的潜力方面没有问题。动机是显而易见的——我们想要权力、名誉、才华等能让我们变得“伟大”的东西。但我们对这些个人奖励的渴望往往会把更重要的事情推到一边。如果我们想成为两个世界的连接者，我们就必须超越个人的需要。

重新连接两个世界

假设你请了一下午的假来读完本书。其中一章直接适用于你的问题，你想再读一遍，然后练习书里描述的工具。就在这时，一位邻居敲响了你的门。他的汽车电池没电了。他大声叫着你的名字，问你是否在家，能不能帮他拿个应急电源。

现在是中午。他没有理由指望你会在家。你完美地保持了安静，几分钟后他走开了，永远不会怀疑你就藏在家里。现在，你有了几小时不受打扰的时间，可以真正专注于这一章。当你把注意力挪回书上时，你感到一阵内疚。但你忽略了它，告诉自己你的个人进化比他的汽车问题更重要。你庆幸自己对此书的投入。

你的决定正确吗？你只是在自己的进化之路上迈了一步吗？答案是否定的。因为没把书放下，花几分钟去帮助邻居，你延迟了你的进化。回到那本书时，你已经向 X 部分屈服了——即使你正在读关于如何打败 X 部分的内容。

你可能会反对：“这本书是关于如何找到‘更高的世界’……那不就是我刚刚做的事吗？”不，你混淆了书中的内容和你内在的状态。书中的主题可能是精神上的，但你的心灵状态是自私的——“它对我有什么好处？”自私是一种不断收缩的状态，但

“更高的世界”是持续扩张的。收缩的能量无法连接一个扩张的世界。

我们的文化通过否认来处理这个问题。我们被告知自己生活在一个死气沉沉的宇宙中，一个没有意识觉知的地方；我们还被告知，不必担心自己内在的状态——那里没有什么需要被关心。

但“更高的世界”并不像“更低的世界”那样受到限制。我们习惯于把意识及其手足——意义——当作发生在我们头脑里的事情。我们能体验到它们在宇宙中不受限制地流动，这样的想法听起来就像童话故事。

这就是为什么你需要保持一种精神上的慷慨状态：一种不断给予的状态。你被一种信念鼓舞：当生活似乎在妨碍你的个人旅程时，它实际上会引导你采取一系列行动，使旅程得以继续。那不是一条你能通过思考找到的路；只有当你达到生活对你的要求时，你才能看见这条路。

让我们回到你在家里秘密学习的情节。你的邻居有几分寄希望于你也许在家，但很快就放弃了。你贪婪地利用额外的时间反复阅读感兴趣的章节，练习使用工具。令你惊讶和失望的是，练习结束时，你并没有感到生命力满溢。你精疲力竭，于是小睡了一会儿。

你醒来后无精打采，隐约有几分内疚。不是因为你邻居的困境——他从其他人那里得到了一个应急电源。你内疚是因为你没能帮助“更高的世界”补救它堕落的部分。

但生活给了你另一个机会。你望向窗外，看到邻居回来了。他脸上的表情告诉你他有心事。你担心他发现了你那天下午玩的花招，于是走出去道歉。但他根本没想到那里。他希望你能给他一些建议，他那个正处于青春期的儿子陷入了沉默寡言、意志消沉的状态。

你正在读的那章恰巧是关于那个问题的。你请他进门，把书给了他。书上折了角并做了标记，他说看上去你自己还没读完。你脑子里有个声音告诉你别把书给他，你还没看完呢。但某种更高的慷慨接管了这场交谈。你把书递给他，告诉他你们可以明天一起讨论。

不同于你为了自己的进步而研读这本书后感受到的疲惫和内疚，把书送给其他人这一简单行为让你对生活及其可能性产生了一种重要的感觉。你觉得整个世界都站在你这边。

这个故事揭示了治愈的秘密：当你把书送出去时，你承认生活中有些事情比你的个人目标更重要——如果对你提出更高的要求，你愿意暂时搁置这些目标。

你在寻找的生命力量只有在你以一种坦荡的方式行动时才能获得——是行动，不是阅读、记忆或者解释。在这里，那意味着把书送出去帮助别人，而不是为了帮助自己而阅读它。采取这种慷慨的行动是对“更高的世界”的信仰的一种表达。如果那个世界真的包含无穷无尽的力量，那么不管你送出多少书，总会得到更多。

一套新的优先顺序

救赎“更低的世界”的任务比其他任何事情都重要。这导致了一个悖论。只有接受世界的命运比追求自己的欲望更重要，你才会被治愈，且有足够的生命能量去追求自己的个人目标。

当你为了自己的利益看书而避开需要帮助的邻居时，你最终无精打采。你正在阅读描述扩展的词句，但你的行为是自私的，所以你的能量收缩了。只有当你把书送人时，你才达到一种允许你与“更高的世界”相连的扩展状态。当生活让你看到了某个需要帮助的人，别把他视作一种威胁，而是看成一个使自己处于扩展状态的机会。只有当你不计回报地付出时，你才能完整地活着。

因为每件事都有赖于识别这些扩展的机会，也因为本能使我们自私和萎缩，你不想错过一个激活“高阶自我”的机会。这里有 3 种常用的方法可以帮到你：

> 即使你自己一无所获，也要给予他人。
>
> 做一些没有人（甚至接受者都没有）意识到的慷慨之事。
>
> 牺牲自身利益帮助别人（例如，为陪伴生病的好友而取消你的假期）。

高阶自我与低阶自我

我们生活在一种以自我为中心、提倡竞争的文化中：被别人甩在后面是可怕的，失败是不可接受的。由此产生的压力让我们长期处于一种收缩的状态，无法完整地活着。我提供的解决方案可能看起来有些激进，甚至愚蠢：鼓励你放弃东西（不仅仅是物质上的东西，还有控制、地位、崇拜等），去服务一个你看不见的“更高的世界”。

面对这种新的生活方式，我们中的大多数人持怀疑态度。我们把一生中大部分时间都用来追求自己眼中的个人成功，专注于自身想要的东西。这给予我们身份。当我们不那么自我中心时，生活会变得更好，这种想法让人觉得像是傻瓜的赌注。

讽刺的是，我不是要求你失去自己的身份，我要求你找到它。找到你自己是一个悖论。通过把你的个人目标放在第二位，把“更高的世界”放在第一位，你成了真正的“高阶自我”。只有在这个帮助和服务的角色中，你才能扩展至充满活力。也只有在这种充分活着的状态下，你才能成为连接两个世界的桥梁。

你作为“桥梁”的“回报”将是获得足够的生命能量，去追求你自己的目标。注意，我没有说“确定”你自己的目标，我说的是“追求”它们。你的“高阶自我”不会被理论或讨论激活。当你采取行动朝着目标前进时，它就会活跃起来。身份不是一个概念，它是你在这个世界的行为方式。

如果我们以这种方式理解身份，大多数人几乎接触不到他们的真实自我或“高阶自我”。他们采取的行动不过是盲目的习惯。他们因重复而感到熟悉，但缺乏自由意志或创造力。这里有些明显的例子：花太多时间在电视、电脑或电话上；下班后奖励自己食物和酒精；把挫败感发泄在配偶身上，因为他或她就在那里。

这些行为吸引我们的自我，或“低阶自我”，而不是真实自我。这个自我是肤浅之王。它拥有或想要的一切都来自外在世界。

它只关心自己能从那个世界得到什么。

因为它是肤浅的，它从周围人那里借用了一个身份。它说，你就是你住的地方，你交的朋友，你听的东西，等等。如果这听起来像是高中，它的确是，但也是一所我们大多数人从未自那里毕业的高中。你仍然在泳池的浅水区玩耍，缺乏工具、勇气和信念来走出自己的人生之路。

这就是为什么让一个人从他的自我后面的隐身之所走出来并不容易。我们拼命地抓住自我不放是因为，我们（错误地）认为自我想要的就是我们真正需要的东西。这个自我需要几样东西：他人的认可、肯定和崇拜；身体上的需求和欲望的即刻满足；我是“正确”的。

这些自私的要求描绘出“低阶自我”的丑陋形象。然而，要说服一个人从他自恋的皮囊中溜走并不容易。其中一个原因是，只有当你在别人身上看到“低阶自我”时，它才显得丑陋。当它压倒你时，这些行为似乎是必要的，甚至是可取的。如果你把自我视作你真正的身份，你会相信放弃它感觉就像死了一样。

在历史上，像教会这样的机构可以说服你，通过尊重有组织的宗教的权威来消解自我，但教会不再拥有那种程度的影响力。在现代世界，随着我们对机构的信仰遭到侵蚀，我们开始认识到道德权威必须来自个人。与此同时，技术和其他因素促使我们意识到我们是全球社区的一部分。我们的相互联系和即时通信的可能性可用于行善，也可用于作恶。由于没有一个机构能让所有人立即相信选择行善而非作恶的重要性，它必须以个人为基础，一次针对一个人。因此，当一个人意识到他所做的选择对全人类都很重要时，那就是一个觉醒时刻。

我们每个人都以一种基本的方式与宇宙的精神状态保持一致，这一观点使我们做的每件事和每个选择都更有意义。当你的行为与“更高的世界”的原则一致时，它不仅对你和你周围的人有好处，还会释放出一种修复宇宙的力量。

这加强了你可以改变世界这一事实。你是谁，地位如何，知道多少，并不重要。一位职员或巴士司机和大公司的首席执行官或你所在州的州长一样重要。你的力量来自你的选择。如果你练习了我们讨论过的工具和态度，你会发现，自己能够随心所欲地从“低阶自我”走向“高阶自我”。

承认宇宙是“破碎的”令人震惊。知道只有人类可以“将汉普蒂·邓普蒂[①]重新组合在一起”让人清醒。仅仅“知道”那一点并不会给你承担责任的勇气——你需要被激励。

别等着灵感来找你，出去找找它。对我们大多数人来说，这是一种新的思维模式。我们习惯于看到一个充满死亡、不和谐以及贪婪的世界，一个我们最深切的梦想在其中似乎不可能实现的世界。但是，当你在枯燥、无意义的经历的缝隙中寻找时，你总能找到生活刺穿和激励你的地方。你收获了向上的、爆发的、没有极限的能量。

当你被浪卷走时，你会发现自己能够把个人目标放在一边，为更崇高的使命服务。这种无私的状态使你成为一个更好的通道。如此一来，你便治愈了这个世界。

---

① 英语童谣中从墙上摔下跌得粉碎的蛋形矮胖子。——译者注

附录：工具

黑色太阳

这个工具可以把你从X部分最强大的武器之一你自己的冲动中解放出来。

剥夺： 尽可能强烈地感受得不到自己想要的东西时的被剥夺感。然后对你想要的东西放手。忘记外面的世界，任其消失。

空虚： 审视你的内心。起初的被剥夺感现在只剩无尽的空虚。面对它。保持平静。

充实： 想象一轮“黑色太阳”从空虚的深处升起，由内向外膨胀，直到你拥有了它的温暖和无限的能量。

给予： 将你的注意力重新转向外面的世界。“黑色太阳”的能量会从你身上喷涌而出。进入这个世界时，它会变成一束纯净的、象征着无穷给予的白光。

旋涡

这个工具能够抵御疲惫，让你可以利用无限的能量储备。

12个太阳：想象在你的头顶有12个围成一圈的太阳。集中注意力，在心中默默地对着它们喊“救命”，以此来召唤“旋涡”。这会使整个太阳圈开始旋转，形成一个温和的龙卷风状的旋涡。

上升：放松，让身体与“旋涡”融为一体。感受“旋涡”把你从太阳圈中托举起来的力量。

生长：一旦穿过这个圆圈，你会感到自己长成了一个拥有无限能量的巨人，缓慢而从容地穿行于这个世界，没有遇到任何阻力。

母亲

这个工具可以驱散那些令人自暴自弃的消极想法，代之以爱和乐观。

把你的消极想法转变成有毒物质：尽可能强烈地去感受自暴自弃的感觉。聚焦于它的沉重，仿佛它是一种会将你压垮的物质。生动地想象那种物质，直到你脑海中自暴自弃的想法和感觉消失。

“母亲”出现：看见徘徊于你上方的“母亲”。相信她有能力带走那种你难以摆脱的黑暗且沉重的物质。放开它。“母亲”让它脱离你的身体上升，仿佛它轻若无物。看着它升起，直至触及她；她吸收了它，它消失了。

感受她的爱：现在，感觉她在注视着你，目光中流露出对你绝对的信心。从未有过其他人像她这样毫无保留地信任你。她用不可动摇的信念填满你，一切变得皆有可能。

塔

这个工具将痛苦和伤害转化为力量、勇气以及恢复力。

死亡：唤醒你刚刚确认的受到伤害的感觉。让它变得更糟，感觉它在攻击你的心。它变得如此强烈，你的心碎了，你死了。你只能一动不动地躺在地上。

照亮：你听见一个极具权威的声音说："只有死人才能幸存。"在它说话的那一刻，你的心里充满了光明，照亮了周遭的一切。你看见自己躺在一个中空的、顶部敞开的塔的底部。来自你心灵的光扩散到你身体的其余部分。

超越：被光托着，你毫不费力地飘至塔顶，然后飘出塔外，一路上升至完美无瑕的蓝天。你身体里的一切痛苦都得到了净化，感觉如获新生。

致　谢

首先要感谢的是我的合著者兼朋友菲尔·施图茨和我的妻子朱迪·怀特。如果没有他们坚定的支持，这本书不可能写出来。菲尔真的是独一无二——他比我认识的所有人都要深刻、睿智、风趣、慷慨。我何其幸运能够遇见他。同样，我对朱迪的感激之情怎么表达都是不够的。和一个全年无休的工作狂结婚不是一件容易的事，她不仅毫无怨言地容忍了这一切，还不知疲倦地帮助我，为我出谋划策，鼓励我去争取更高的成就。我全心全意地爱着她。

两个孩子也是我的灵感源泉。我的女儿哈娜是我见过的最有趣的人——总是和我一起自嘲，笑对生活的荒谬。我的儿子杰西，仿佛被普罗米修斯之火点燃——激励我在做每件事时都全力以赴。我为他们长大成人感到十分骄傲。

我还要感谢一群在我们的初稿成形时慷慨提供笔记的热心

人。他们是黛比·米歇尔斯、戴维·怀特、比尔·惠勒，以及玛利亚·森普尔。还要特别感谢两位：艾莉森·怀特无数次把我从信任危机中拯救出来，每当我开始抓狂，她都能让我冷静下来。尼克·吉利不仅督促我走出舒适区，还把我介绍给位于洛杉矶中南部的“再次呼唤”（2nd Call）团体里勇敢的男人和女人，他们向我展示了真、美、善在现实生活中的样子。尼克还给我讲述了牧师劳森的故事，被我写进了本书第 7 章。

最后，我想要感谢我的患者们。你们袒露灵魂，把内心最深处的秘密托付给我，这样的每一天都让我深感荣幸。我与你们建立起的联系与我曾经体验过的任何一种关系一样亲密。当我和自己的 X 部分做斗争时，想起你们激励自我时展现出的勇气——它激励着我更勇猛地去战斗。没有你们，我不会成为现在的我。谢谢你们对我的信任，以及为本书的出版提供的切实的帮助。

——巴里·米歇尔斯

一如既往，我衷心地感谢我的合著者巴里·米歇尔斯。在本书的出版过程中，他做的工作比他应做的要多，他的表现优雅而富有远见。我很幸运能够找到一位和我一样甚至比我更热爱我们共同事业的合作者。他也是我见过的最勤奋的人。

我还想感谢以下诸位：尼克·吉利，帮助我完成了这本书，尽管他自己没有意识到；约翰娜·赫威茨和杰米·罗斯，感谢你们的建议和付出；我的父母——现在已离开了我们——似乎每天都比前一天更明智；芭芭拉·麦克纳利，我写作道路上的引路人；玛利亚·森普尔，永远跟我说实话的人；伊妮德·艾恩，40多年来一如既往值得信任的同事与朋友；艾琳·加西亚，我勤勉的助理；布赖恩·约翰逊，热情慷慨的创意向导。

最后，致敬已故的布拉德·格雷，他是我见过的最勇敢的人之一。

——菲尔·施图茨

我们想要感谢以下每一个用自己的方式使本书从想法最终变成现实的人。他们对我们的愿景抱持着坚定不移的信念，这是源源不断的鼓励的源泉，也是我们前进道路上的指路明星。每当我们求助时，他们总是毫不吝惜自己的时间和精力。以下这些人是本书的灵魂及核心的一部分：兰登书屋编辑朱莉·格劳、我们的代理人珍妮弗·鲁道夫·沃尔什、帮助编辑书稿和组织协调的让·布朗、孜孜不倦地支持我们的工作的布赖恩·约翰逊，以及Goop.com里每一个支持我们的想法的人。最后，永远感谢才华横溢的记者达娜·古德伊尔，她在《纽约客》上用包含关怀与尊重的笔触介绍了我们的工作，对此我们将永怀感恩之心。

——巴里·米歇尔斯和菲尔·施图茨